JN165209

日本の山と海岸

成り立ちから楽しむ自然景観

島津光夫 著

築地書館

はじめに

北海道から先島諸島（八重山、宮古列島）まで多くの島々で構成されている日本列島は、西太平洋に存在するいくつかの弧状列島の集合である。

弧状列島を特徴づける一つの要素は第四紀火山だが、日本列島には大小合わせて二六八の火山がある。火山は噴火様式により、いろいろな形をつくり、すぐれた景観をつくっている。

日本列島は古生代から現在まで、長い歴史をへてつくりあげられた。とくに新第三紀末から第四紀にかけての地殻変動が激しく、隆起運動により三〇〇〇メートル級の日本アルプスも形成された。狭い国土の中にこのような山岳があるため、河川は急流となっている所が多く、渓谷、滝など美しい景観をつくっている。

日本列島はモンスーン地帯で、夏は太平洋から湿った大気が流れ込み、多量の雨を降らせ、冬は大陸から冷たい大気が流れ込む。日本列島とアジア大陸の間には日本海という暖流の流れる海があるため降雪が多く、日本海側に雪が多く積もるという気候条件下で、植物がよく繁茂し、変化に富んだ樹林帯をつくっている。

このような日本列島の自然がつくる山の景観と神秘性は、古くから人の心に訴えるものがあって、山岳信仰が生まれ、歌や詩に詠まれ、また自然と人間の関わりについての風土論が提起された。
すぐれた自然景観を示す地域は国立・国定公園、また名勝、天然記念物に指定された。
日本の自然景観を地理学的に初めて紹介したのは、一八九四（明治二十七）年の志賀重昂（しげたか）の『日本風景論』である。中野尊正（たかまさ）と小林国夫は、一九五九（昭和三十四）年『日本の自然』を著し、山や海岸や平野、湖沼まで地形学的、地質学的に解説している。その他にも一九七七（昭和五十二）年に出版された『日本の自然』（地学団体研究会）など、自然を紹介している本がある。しかし、自然の地学的な意味づけが一八九〇年代以降、プレートテクトニクスの導入により大きく変化した。

この本は私なりにみた日本の自然景観の紹介であるが、取り上げる対象は山と海岸にしぼった。川も取り上げるべきかもしれないが、川は上流から下流まで種々変化し、限られた箇所でその川の景観の特徴を示せないので、渓谷、峡谷について簡単に紹介するにとどめた。

自然景観をつくっているものは、地形、地質、気象、植物などである。この本では山と海岸の自然景観をおもに地学的に解説する。地学を専門にしている人にとっては当たり前のことだが、意外にそれを知らずに山に登っている人が多いからである。山や海岸をつくっているものがわかれば山登りや旅行もより楽しくなるのでは、と私は考えている。

山は基本的には岩石で形づくられているが、岩石が風化してできた土壌が表面を覆い、また高山帯では岩石の間の狭い所に高山植物が繁茂している。植生は山の景観をつくる重要な要素で、小泉武栄の

『山の自然学』はそれについて興味深く述べている。また、春夏秋冬、変化する気象現象も山の景観に大きな影響を与えている。

地球の三分の二を占める海洋と陸地との境の海岸は、地球規模では、海が接する陸地の性格や気候によっていろいろ変化する。弧状列島で、亜熱帯から亜寒帯にわたる気候帯をもつ湿潤な日本列島が美しい多様な海岸の自然景観をつくったのである。

日本には国立公園が三四、国定公園が五六あるが、山岳地帯や火山地帯が約半分、海岸や島、あるいは山と海岸と島に関わるものが約半分で、その他に湖沼などの公園が三つある。これらの中の知床(しれとこ)半島、白神山地、紀伊山地、小笠原諸島、屋久島は世界自然遺産に登録された。

また、近年、ジオパーク活動が盛んになり、すでに四三地域が指定され、そのうちの八地域が世界ジオパークに登録された。ジオパークは大地（ジオ）と公園（パーク）を合わせた言葉で、大地を基盤にしているが、その上の植生、歴史、民俗など諸々の人間生活を包括し、それらを保護するとともに、広く啓蒙活動を展開し、さらに地域おこしを目指している。私も佐渡ジオパークと苗場山麓ジオパークづくりの手伝いをした。

近年、ジオパークや、東北地方太平洋沖地震、最近でも熊本地震、鳥取県中部地震や多くの風水害などの自然災害などにより、地学に対する関心も高まっている。ところが、地学的立場で、風景論や山岳宗教などを取り上げたものはあまりない。そのようなことから本書を著した。

目次

日本列島とまわりの海

日本の山の景観と自然

弧状列島としての日本

日本列島は弧状列島である。日本列島の山や海岸の自然の生い立ちを調べるには、弧状列島とはどのようなものであるかを知る必要がある。簡単に弧状列島について解説しておこう。

現在は、弧状に連なる島々を弧状列島または島弧（island arc）とよんでいるが、それが地学的に解明されるまでには数十年を要した。

日本の地質学の草分けである原田豊吉は一八八三年に、湾曲した日本列島を初めて北日本弧と南日本弧に分けた。彼の論文はドイツ語で書かれていたが、小川琢治（一八九九）は、原田の日本弧（bogen）を日本彎（湾曲の意）と訳している。当時の日本列島のでき方は、中国大陸と関連させて議論されていた。

その後、オランダ領であったインド諸島（インドネシアなど）を調査したオランダの研究者、G・モーレングラーフは、一九一三年、インド諸島が若い造山帯であることを提唱した。それを契機に、西太平洋の弧状列島の共通したでき方が議論されるようになった。寺田寅彦は、一九二七年、大陸移動説に刺激され、日本列島は大陸のへりが砕けて南方へ移動してできたと考えた。

一九三五年、和達清夫によって深発地震面が見いだされ、一九四九年、H・ベニオフにより確かめられて、和達―ベニオフ帯とよばれるようになった。

日本列島における新生代以降のグリーンタフ変動が、島弧形成に関連の深いことが、湊正雄・井尻正二(一九五八)により提起され、新生代の構造運動の研究が進んだ。

一方、一九五〇年代からは海洋底の研究が盛んになり、海洋底拡大説(一九六〇年代初め)が提案され、プレートテクトニクス(一九六八)へと発展した。

上田誠也と杉村新は、①現在の火山活動、②六〇〇〇メートル以深の海溝、③七〇キロメートル以上深い所の地震活動、という特性をもっている地域(列島周辺と大陸縁辺部)を、島弧―海溝系または弧状列島と定義した。

太平洋には、東からアリューシャン列島、千島列島、日本列島、南西諸島、伊豆・小笠原諸島、マリアナ諸島、フィリピン諸島、大スンダ列島(スマトラ島、ジャワ島)などの弧状列島がある。これらの中で、日本は、千島弧、日本列島弧、伊豆・小笠原弧、琉球弧などとよばれる島弧で構成されているので、島弧、弧状列島の申し子ともいえる。

弧状列島に平行に海溝が延び、それに平行に火山帯ができている。また、弧状列島では、深発地震面に沿いプレートが沈み込んでいる。北海道、東北日本、伊豆・小笠原諸島には太平洋プレート、フォッサマグナと西日本、南西諸島にはフィリピン海プレートが沈み込んでいる。

日本の島弧の凸側は太平洋に面し、凹側は日本海、オホーツク海および東シナ海に面している。島弧の裏側を背弧(はいこ)といい、背弧側の海を背弧海盆とよんでいる。日本海は典型的な背弧海盆である。

日本海には陸地につながる水深二〇〇メートル以浅の大陸棚があり、能登沖では五〇キロメートルも広がっている。九州と朝鮮半島の間も大陸棚で、東シナ海も同じである。日本海の中央部には浅い所の水深が二三〇メートルの大和海嶺がある。その南側の大和海盆は水深三〇〇〇メートルに近いが、北側の日本海盆には最大水深が三七一二メートルの所がある。

地震波の伝わり方を調べると、日本海の地下構造は特異で、日本海の南半分や日本列島の地下が大陸地殻(花崗岩と玄武岩からできている)であるのと違い、日本海盆の地下は海洋地殻(玄武岩を主とする)である。

南西諸島(琉球弧)の背弧側には、琉球弧に平行して、深い所が二〇〇〇メートル以上もある沖縄舟状(しゅうじょう)海盆(沖縄トラフ)が走っている。その西の尖閣諸島あたりから中国大陸までの間の東シナ海は広大な大陸棚で、日本海とは大きく異なっている。

日本列島を含む島弧─海溝系というシステムが日本列島の自然、山岳や海岸の特徴を生みだしているのである。

山の自然と景観

山に登ったり、眺めたり、山に接する人は、長い間の地学現象により形づくられた山の形や四季おりおりに変化する植物や日々変化する空の色や雲の形や動きが一体になった自然景観を風景や風土として感じとっている。しかし、ここでは日々あまり変化しない山の形や姿を自然景観として、おもにその成り立ちの地学的な説明を試みる。

山はいうまでもなくまわりの土地より高い部分で、高い山もあれば里山のように平地よりわずかに高い山もある。山はそれをつくっている岩石の種類や火山活動、断層、褶曲（しゅうきょく）などの地殻変動、さらに風化作用、浸食作用などにより、長い間にいろいろな姿、形（山容）に変化した。

日本列島は火山が多いので、大きくは、火山と非火山性山地に分けられる。火山は火山噴火による噴出物が積み重なって高くなった山である。非火山性山地のでき方はいろいろあるが、結果的に隆起して高くなった山である。

非火山性山地の中で高い山となって連なっているのはヒマラヤ山脈やアルプス山脈で、日本では北アルプス、中央アルプス、南アルプスなど中部山岳地帯（日本アルプス）と北海道の日高山脈である。しかし、北アルプスには乗鞍（のりくら）岳や焼（やけ）岳や立（たて）山などの火山もある。ここではまず火山と日本アルプスのつくる景観を取り上げ、山をつくる岩石や、高くなった原因、現在のような山容がなぜできたのか、解説を試みる。

火山――噴出物がいろいろな地形をつくる

火山が噴火すると溶岩、火山灰や水蒸気、ガスを噴出する。溶岩や火山灰が積もるといろいろな火山地形（山容）をつくる。噴出した後には噴火口ができる。

噴出物が積もり積もってできた火山の形態や、噴出物の産状などに対して火山学ではいろいろな名前がつけられている。またその形の異様さから昔から俗称がつけられてきた。

富士山のような火山は成層火山とよばれているが、文学書や絵本や観光案内などでは、ヨーロッパの火山学者（K・シュナイダー）が一九一一年に命名したコニーデ（円錐火山）という名が響きが良いためか、今でも使われている場合がある。このようなよび方は火山学では現在使われていないが、参考のために以下では［　　］に示す。

成層火山は山頂の火口から溶岩や火山砕屑物（火山灰や溶岩のかけらなど）が交互に放出され、積み重なってできた火山で、円錐形の火山体をつくっている。

富士山は独立峰で、日本を代表する山である。ほかの火山もそれにあやかって、蝦夷富士（羊蹄山）、津軽富士（岩木山）、南部片富士（岩手山）、出羽富士（鳥海山）、会津富士（磐梯山）、出雲富士（伯耆大山）、薩摩富士（開聞岳）などの愛称がある。しかし、きれいな富士山の山体も長い間に浸食されて大沢崩れなどができている。

日本に多い安山岩の火山も成層火山をつくるが、一方、ゴツゴツした安山岩溶岩が流れた鬼押出し（浅間山）や焼走り（岩手山）のようなものもある。焼走りは特別天然記念物になっている。

◉火口――マグマの噴きだし口

火口（噴火口）は蔵王山では御釜とよばれている。富士山では内院または大内院（寺院の奥の道場）、大雪山ではお鉢平という名でもよばれている。火口に水がたまったのが火口湖で蔵王山の御釜、岩手山の御釜湖、草津白根山の湯釜、水釜、立山のミクリガ池、白山の翠ヶ池、千蛇ヶ池、霧島火山群の高千穂峰の御鉢火口、御池、大浪池、不動池など大小さまざまである。

男鹿半島にある一ノ目潟のように、マグマが地下浅い所で地下水と接触したり、混合したりして高圧水蒸気が生じて起こる「マグマ水蒸気爆発」でできた火口をマールという。三宅島の大路池、新澪池も同様な火口である。伊豆大島の波浮港や薩摩半島の南端の山川港は旧火口に海水が進入してできた港である。

火口の壁は険しい地形をしているので、岩手山では鬼ヶ城とか屏風尾根とよばれ、白山では剣ヶ峰とよばれている。また、火口や火口近くにはガスや温泉が噴きだし、荒れ地となっている所があって、大涌谷（箱根山）、地獄谷（吾妻山、大雪山など）、賽の河原（恐山）、殺生石（那須岳）とよばれている。八幡平の後生掛温泉では泥火山がぶくぶくと噴きだしている。

◉カルデラ

カルデラは火山性の陥没した凹地で、普通の火口より大きなものである。阿蘇山のカルデラは、東西約一八キロメートル、南北約二五キロメートル、三七九平方キロメートルで、ほぼ東京二十三区に相当する。

阿蘇カラデラ内には阿蘇五岳とよばれる火山体が東西方向に並んでいる。根子岳（一五万年前）、高岳、中岳、烏帽子岳（三万年前）、杵島岳（六〇〇〇年前より新しい）である（図1）。中岳は現在も活動を続けている。烏帽子岳の北面に草千里、中岳の南面に砂千里がある。米塚はカルデラ内の一七〇〇年前より新しい一側火山で、高さは八〇メートルにすぎないが、円錐形の山の頂上に火口のある美しい山である。

阿蘇山のカルデラは日本一といわれているが、厳密にはカルデラの面積三八〇平方キロメートルの北海道の屈斜路カルデラの方が大きい。だが、カルデラの典型は阿蘇カルデラであろう。

九州の幻の始良カルデラは、大量の入戸火砕流を噴出した後に陥没したカルデラで、直径二〇キロメ

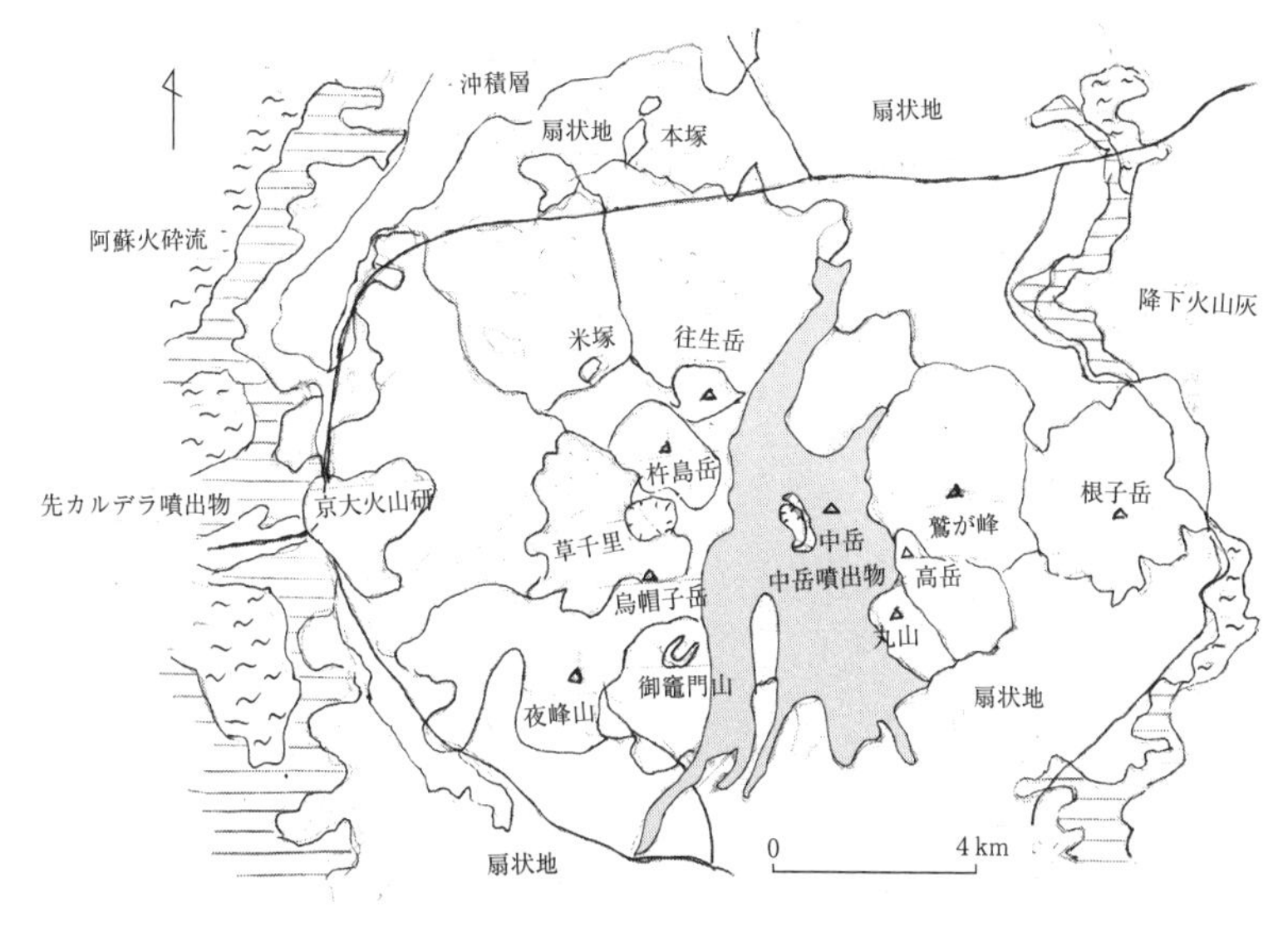

図1　阿蘇火山の外輪山と阿蘇五岳の地質概略（小野・渡辺、1985より）

ートルあり、鹿児島湾の北部を占め、その南縁に桜島火山（一一一七m）がある。

現在は大部分が海底になっている南西諸島の鬼界カルデラ（長径二一㎞）の西隅には標高七〇四メートルの薩摩硫黄岳（いおう）がある。

それより小さいのは、十和田の水をたたえた、ほぼ四角で、径八×八キロメートル、面積六四平方キロメートルの十和田湖（カルデラ湖）である。グリーンタフとその上に重なる田代平溶結凝灰（ようけつぎょうかい）岩からなる基盤の上に、十和田火山では五〇万〜一〇万年前に中規模の安山岩の成層火山ができた。その後、約五万年前から大爆発をくりかえしデイサイトや流紋岩の降下軽石や火砕流を噴出した。約二万五〇〇〇年前にも同様な噴火が起こり、約一万三〇〇〇年前にカルデラが形成された。その後、カルデラの南東縁に安山岩の五色台火山（中央火口丘）が形成された。その中にできた小さな

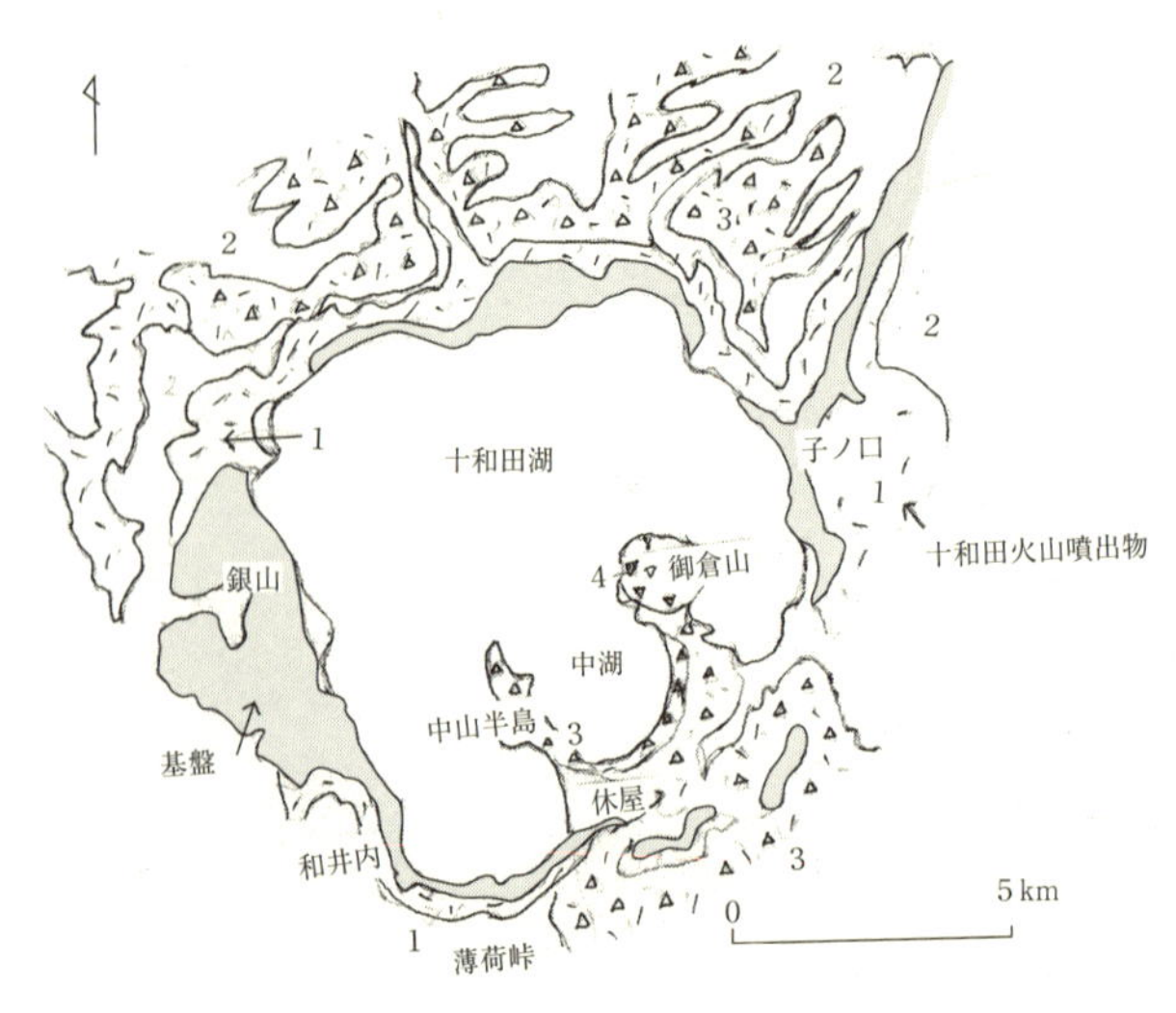

図2　十和田湖の地質概略（井上・蜂屋、1962より）
1～4は、各期の噴出物を示す

中湖カルデラの壁の半分が中山半島と御倉半島である。平安時代に、御倉半島の尖端にデイサイトの御倉山溶岩ドームができた（**図2**、**写真1**）。中湖の深さは三二六・八メートルと深く、爆発の激しさを物語っている。深く冷たい湖にはヒメマスが育っている。

　このような顕著なカルデラがあるのは、日本列島の中では、北海道東部の千島火山帯（阿寒、屈斜路、摩周）と那須火山帯の北部（十和田）とその延長にあたる北海道南部（洞爺、支笏、倶多楽）、富士火山帯（箱根）、霧島火山帯（阿蘇、加久藤、姶良、阿多、鬼界など）であるが、それぞれの地質環境は異なり、なぜそこにできたのか、その原因は明らかになっていない。

　小さなカルデラは、関東地方の赤城火山（四×三km）、榛名火山（三×二km）などのカルデラである。爆発して山体が崩れ落ちてカルデラのようになっ

写真1　十和田湖。中湖カルデラの壁の中山半島と御倉半島および御倉山ドーム

たものを爆発カルデラというが、裏磐梯がそうである。一八八八（明治二十一）年七月十五日の噴火で、現在の主峰、大磐梯山（一八一九m）と同じ高さの小磐梯山の山体が崩壊して岩屑なだれとなって崩れ落ちた。崩れた岩石が川をせき止め、檜原（ひばら）湖、小野川湖、秋元湖、五色沼、曽原沼などの湖沼をつくり、裏磐梯の景勝地になっている。岩屑なだれのつくった丘状の高まりを流れ山とよぶが、猪苗代付近には数多く見られる。

◉いろいろな火山の形態と岩石

ハワイのマウナロア火山（四一六九m）のように、粘性の小さく流れやすい玄武岩質の溶岩がつくる緩やかな斜面の火山体を楯状火山〔アスピーテ〕とよぶ。八幡平のいくつかの火山体がつくる緩やかな火山地形をアスピーテとよぶのは誤りで、偽アスピーテである。成層火山が浸食されて平らになったものである。

大きな成層火山や楯状火山の側面には小さな側火山（寄生火山）が生じている。富士火山には四〇個以上の側火山がある。

粘性の大きいデイサイトのマグマはあまり流れださず、昭和新山や焼岳のような溶岩円頂丘（溶岩ドーム）〔トロイデ〕をつくる。雲仙普賢岳（一三五九ｍ）の噴火では、頂上に溶岩ドームができ、さらにその上に二〇メートルほどの火山岩尖〔ベロニーテ〕ができた。溶岩ドームや火山岩尖が崩落して激しい火砕流となり、山麓に流れだし、大きな被害を生じた。

デイサイトのマグマはガスや水蒸気を多く含んでいるため、爆発的に噴火して、火山灰を地上高く噴き上げ、遠くへ運ばれて積もり、シラス台地のような火山灰台地をつくる。

噴出した火山灰が熱雲として流れ下った後に、火山灰がそれ自身のもっている熱でもう一度融かされ、その後溶岩のように固まる。それを溶結凝灰岩という。溶結凝灰岩には溶岩のように節理ができることがある。

層雲峡の壁の、高さが二〇〇メートルにおよぶ大きな崖はそのようにしてできたもので、大雪山の御鉢平からの火砕流がもとになっているといわれている。天人峡も同様な崖である。

阿蘇の溶結凝灰岩は阿蘇火山から噴出した大量の安山岩質の火砕流が広範囲に流れだし、河谷を埋めて堆積し、溶結したものである。

穴のあいた玄武岩の噴出物のかけらをスコリアという。伊豆の大室山（五八〇ｍ）のように火口のまわりにスコリアの積もってできた円形の山をスコリア丘（噴石丘）という。伊豆半島東部や北西九州に多くでているが、一回の噴火でできた単成火山が多く、一般的には低い山が多い。

◉古い浸食された火山

　第四紀の火山でも新しい時代に噴火した活火山はそのでき方がよくわかり、火山地形も保存されている。しかし、五〇万年前よりも古い火山は浸食され、噴火口がよくわからない場合が多い。新潟県の守門岳（一五三七m）、浅草岳（一五八五m）、苗場山（二一四五m）や群馬県の武尊山（二一五八m）、子持山（一二九六m）、小野子山（一二〇八m）はそのような成層火山で、それよりさらに古い時代の火山は浸食が進んでいるので火山地形がほとんどわからない。しかし、溶岩や溶結凝灰岩は硬く、浸食が進まないので、節理などのつくる面白い景観を示している。材木岩、幕岩とよばれているものの多くは柱状節理を示す溶岩や溶結凝灰岩である。

　鮮新世の火山岩がつくる戸隠山系の高妻山（二三五三m）、新潟県の雨飾山（一九六三m）、群馬県の妙義山（一一〇四m）は浸食にさらされ屹立した山容を示している。地下で固まった岩脈や岩床も、浸食されて地表にあらわれるといろいろな景観をつくる。清津峡（新潟県）はその例である。

日本アルプス

日本アルプス（図3）とは、日本列島の中央部にそびえる三つの山脈――飛騨山脈（北アルプス）、木曽山脈（中央アルプス）、赤石山脈（南アルプス）の総称である。三〇〇〇メートル級の高い山が多く、氷河地形なども残っていて多様な景観をみせている。夏には高山植物の咲き乱れるお花畑も美しい。

日本アルプスの地質については、小林国夫の『日本アルプスの自然』があるが、近年、原山智らによって詳しく調べられ、学術論文のほかに、『超火山［槍・穂高］』で紹介され、注目されている。

◉北アルプス

飛騨山脈の大部分は中部山岳国立公園となっているが、そこは一般に北アルプスとよばれている。

東側（黒部川主流の東）の山稜には、蝶ヶ岳（二六七七m）、常念岳（二八五七m）、大天井岳（二九二二m）、燕岳（二七六三m）、餓鬼岳（二六四七m）、唐沢岳（二六三三m）がある。

西側（黒部川の西および上流）の主稜には、焼岳（二四五五m）、穂高岳（三一九〇m）、槍ヶ岳（三一八〇m）、鷲羽岳（二九二四m）、黒岳または水晶岳（二九八六m）、野口五郎岳（二九二四m）、立山（三〇一五m）、剱岳（二九九九m）がある。

北部の山稜（黒部川の東）には蓮華岳（二七九九m）、爺ヶ岳（二六七〇m）、鹿島槍ヶ岳（二八八九m）、

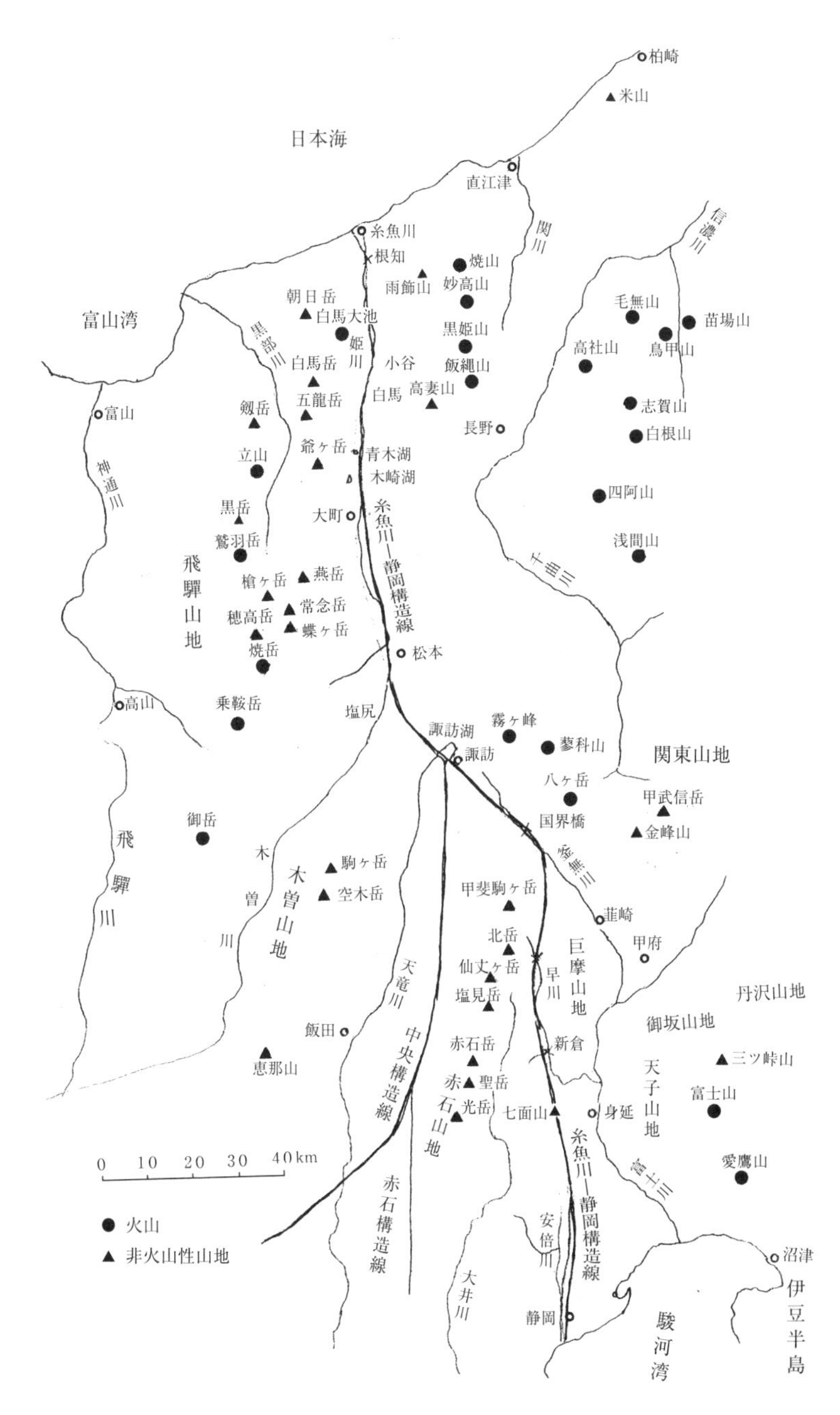

図3　糸魚川—静岡構造線の両側の山地と山

五龍岳（二八一四m）がある。

さらに北に唐松岳（二六九六m）、白馬岳（二九三二m）、雪倉岳（二六一一m）、朝日岳（二四一八m）がある。標高二九〇〇メートルを超す山は九つある。『日本百名山』にあげられている山は一〇を超える。

北アルプスの山をつくっているおもな岩石は、古い時代から、結晶片岩（白馬岳）、中生代ジュラ紀の美濃帯（二億〜一億四五〇〇万年前ごろ）の地層（蝶ヶ岳）、ジュラ紀（一億八〇〇〇万年前ごろ）の飛騨の船津花崗岩の延長にあたる花崗岩（立山、剱岳、黒岳、三俣蓮華岳、黒部五郎岳）、白亜紀末〜古第三紀初期（六〇〇〇万年前ごろ）の濃飛流紋岩（笠ヶ岳）、白亜紀（九〇〇〇万〜七〇〇〇万年前ごろ）の花崗岩（常念岳、大天井岳、燕岳、餓鬼岳、唐沢岳、野口五郎岳）である（図4）。これらの地層や岩石は、日本列島の西南日本に広くでているものと同じものである。

ところが、かつて閃緑岩の半深成岩であるひん岩とされていた南の方の穂高岳、槍ヶ岳に分布する火山岩が第四紀（一六〇万年前）のもので、北の方の爺ヶ岳、蓮華岳に分布している岩石が、鮮新世（約五三〇〜二六〇万年前）に噴出した火山岩であることが、原山智らの調査によって明らかになった。

前穂高岳の北の南岳をつくっているおもな岩石は水平に重なったデイサイト質凝灰角礫岩で、厚さが二〇〇メートル近くあって、カルデラ内に堆積したもののことである（写真2）。そしてカルデラのまわりには閃緑ひん岩や文象斑岩の岩脈があり、西側にはマグマがそのカルデラの底まで上昇してきて固まった滝谷花崗閃緑岩（一四〇万年前）があることも明らかになり、一種のコールドロン（穂高コールドロン）であると考えられている。コールドロンはカルデラの上部が浸食され、地下の構造だけが残

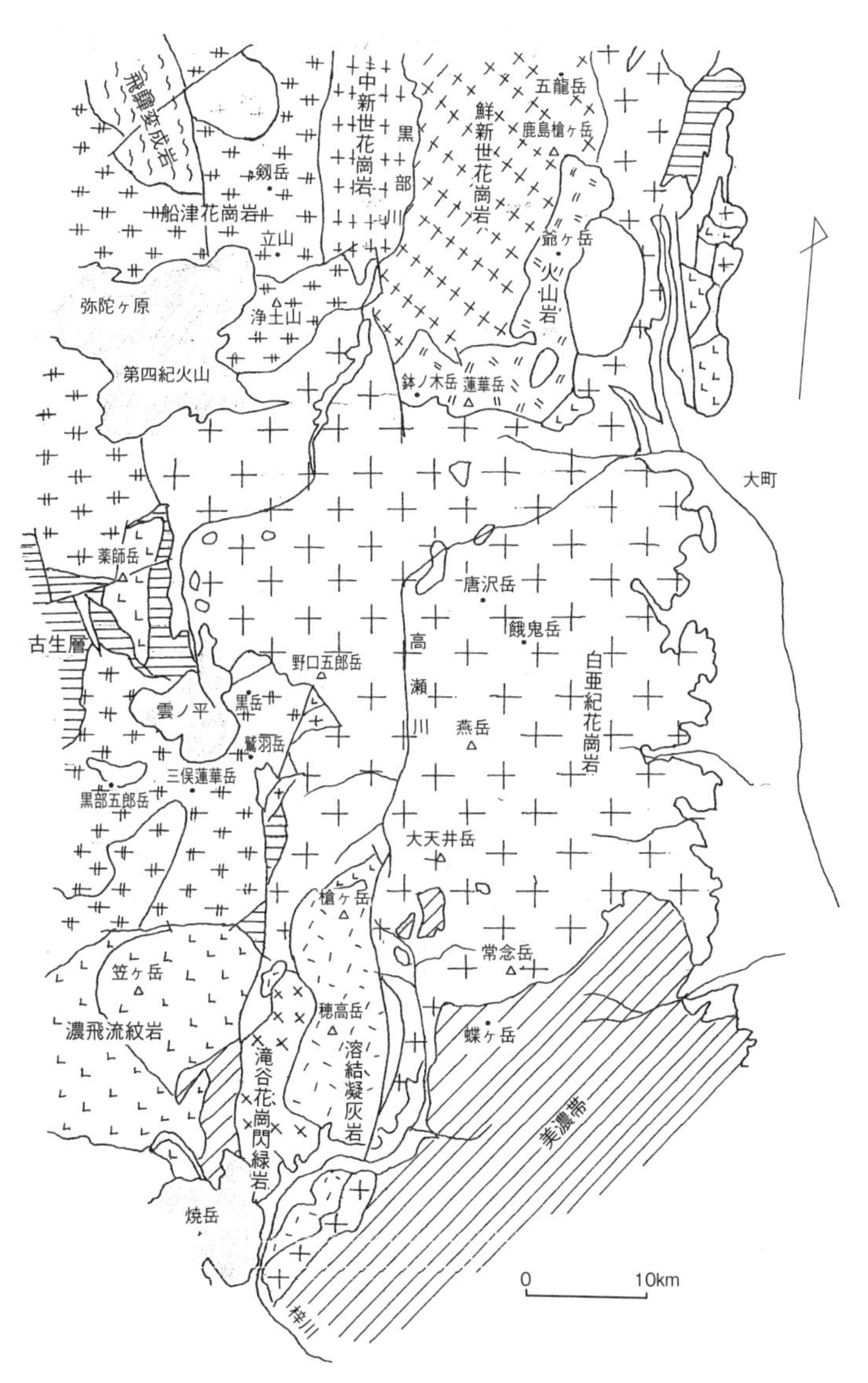

図4　北アルプスの地質（原山、1990を簡略化）

写真2　前穂高岳から槍ヶ岳、南岳凝灰角礫岩層の成層構造（原山、1990より）

ったものである。現在は槍—穂高火山と認定されている。

北の方には爺ヶ岳（二〇〇〇万年前）や蓮華岳の溶結凝灰岩を貫いて五龍岳、鹿島槍ヶ岳をつくる三〇〇万年より若い黒部川花崗岩もでている。これらの古いカルデラをともなう火山の噴火は、北アルプスが現在のように高くなる前のできごとである。

東側の山稜は二五〇万～二四〇万年前ごろに広域的に緩やかな隆起を始めた。西側の主稜は激しい火山活動の後、一四〇万～八〇万年前ごろ、北アルプスの東側に起こった東側への激しい傾動運動で、隆起を始め、現在の高さになったと考えられている。日本アルプス全体の隆起については後述する。

◉浸食されやすく高い山の少ない中央アルプスと、険しい南アルプス

木曽山地のいわゆる中央アルプス（図3）はジュラ紀の秩父帯と白亜紀の領家帯とそれを貫く花崗岩が大部分を占めている。北部の木曽駒ヶ岳（二九五六m）は木曽駒花崗岩、その南の空木岳（二八六四m）は伊奈川花崗岩で、約六五〇〇万年前に貫入したものである。中央アルプスは花崗岩のため浸食されやすく、あまり険しくなく、国立公園になっていない。

それに対し、赤石山地は三〇〇〇メートル以上の山々が連なり、南アルプス国立公園になっている（図3）。北から、甲斐駒ヶ岳（二九六七m）、北岳（三一九三m）、仙丈ヶ岳（三〇三三m）、塩見岳（三〇四七m）、赤石岳（三一二一m）、聖岳（三〇一三m）、光岳（二五九一m）と連なっている。

これら高い山をつくっている岩石は、西南日本の太平洋側に、九州、四国から紀伊半島をへて中部地

写真3　南アルプスの赤石岳

方まで連綿と続く四万十帯（七〇〇〇万〜二五〇〇万年前の白亜紀〜古第三紀の付加体）の砂岩、頁岩である。**写真3**に赤石岳山頂の砂岩を示す。赤石岳には、砂岩の中にはさまれて、赤色の石（チャート）がでていて、山の名前となった。付加体については後述する（63ページ参照）。

白い岩肌を示す甲斐駒ヶ岳だけは新生代中新世（一一〇〇万年前）に貫入した花崗岩で、新しい時代の貫入岩体が三〇〇〇メートル近い山をつくっていることは隆起の速度が大きかったことを示している。

私が南アルプスに登ったのは、戦後間もない一九五一（昭和二十六）年であった。それまで南アルプスはほとんど調査されてこなかったが、東北大学に長野県から調査の依頼があって、私も一部分担することになった。山岳地帯の調査の経験はなかったが、若さにまかせて調査に入ったようなものだった。

猪対策だと、山刀を腰に下げた山案内の人と二人で、遠山川の営林署の小屋に一泊し、赤石岳を目指した。聖岳をへて赤石岳に達した後、小渋川の源流を下り、途中でテントを張った。ところが、雨が降りだし、見る間に増水した。夜中に危険を感じ、テントをたたみ、かろうじて川を渡渉し、山際の道にのぼり、大河原にたどり着いた。山はそれほどきつくはなかったが、川の増水の怖さを痛感した。

翌日、ほかの二人の研究者と三人で、鹿塩温泉でカスとり焼酎（戦後でまわった質の悪い焼酎）を飲みすぎて頭がガンガン痛むのを我慢して、塩見岳に登ったが、汗をびっしょりかいたら、二日酔いがさめてしまった。帰路は雨の中を夢中で下りたことを思いだす。

この調査で三波川帯の外側に秩父帯があって、その上に砂岩、頁岩の厚い地層がでていることがわかったが、それが今日の四万十帯だということは理解できなかった。

◉なだらかな山と険しい山ができるわけ――山貌と地質の関係

山貌と地質の関係は、日本アルプスではよく見られる。花崗岩でできている山は風化が激しく、山頂はなだらかで、多くの場合、白い砂礫（マサ）に覆われている。常念岳や燕岳もそのような山だが、燕岳には所どころに岩塔が残っていてイルカ岩、クジラ岩などの名前がついている（写真4）。そのような岩塔は花崗岩中の細粒の部分で、風化に強いため残ったものである。

穂高岳をつくる溶結凝灰岩や花崗岩のように、熱によって変成された岩石は風化には強いが、高い山では冬季の凍結破砕作用（物理的風化作用）によって破砕され、雪崩などにより崩落し、急峻な山容を

写真4　北アルプス、燕岳のイルカ岩。花崗岩の中の塩基性岩の捕獲岩で風化に強いため残った。長野県大町市（安井賢氏撮影）

つくっている。そのため山麓にはガレ（岩塊斜面）を生じている。そのようにしてできた槍ヶ岳、穂高岳、北の剱岳は険峻な山の代表である。

同じ花崗岩でできているまわりの立山などが穏やかな山容を示すのに対し、なぜ剱岳は屹立しているのだろうか。原山智は、剱岳の花崗岩は後に貫入した黒部別山花崗岩の熱の影響で変化し、硬くなったためと説明している。

尾根筋は岩石の風化の度合いを反映し、上り下りをくりかえすが、新しい時代に大きく隆起した日本アルプスでは隆起した分だけ谷が深く刻んでいる。谷が下刻（かこく）するにしたがって、両岸の岩石が崩れ落ちるのでV字谷となり、川水は急流となって流れ落ち、渓谷となっている。

◉氷河地形

日本アルプスも、氷河時代には高い所が氷河に覆

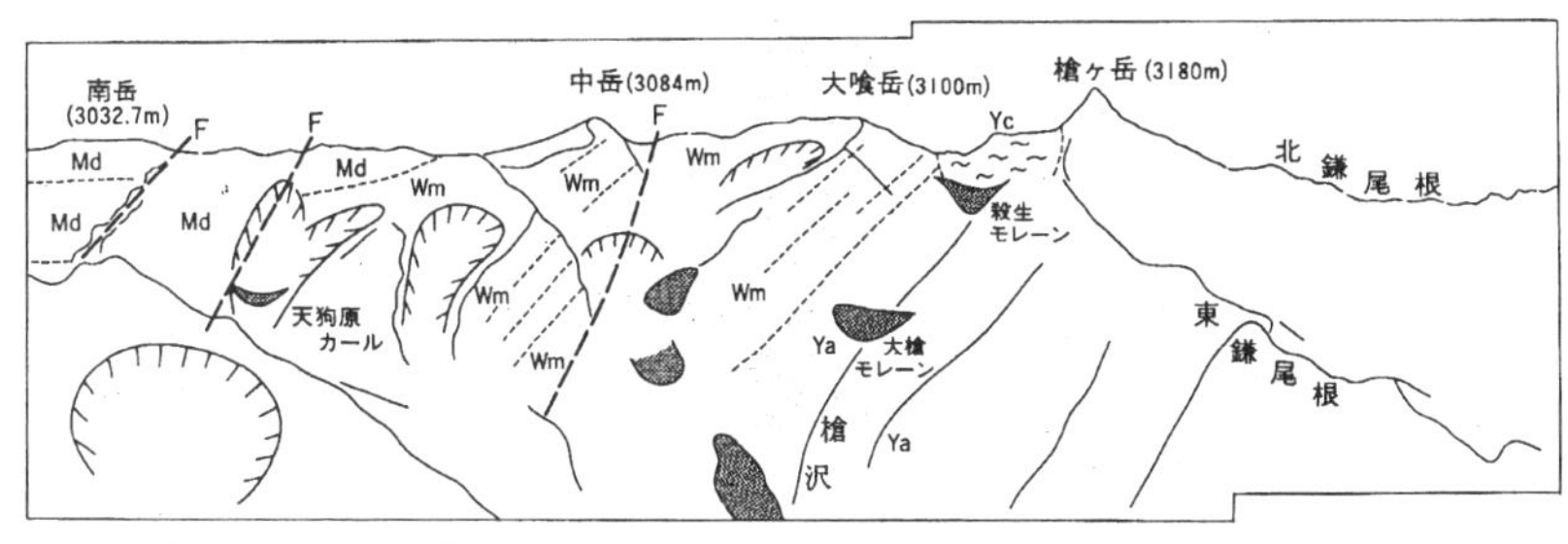

写真5　南岳—槍ヶ岳稜線の東側のカールとモレーン（原山、1990より）

われていた。現在かろうじて氷河のあとの雪渓が残っているのは立山連峰の剱岳、雄山などと鹿島槍ヶ岳のカクネ里の四カ所である。

しかし氷河地形は多い。

氷河が削り取ったカール（圏谷）や氷河が流れ下るときに削ったU字谷や、その底から下に溢れだした石ころが積もったモレーン（堆石堤）などが見られる。モレーンはカールのほぼ二〇〇メートル下方にできている。

氷河地形は、北、中央アルプスでは標高二六〇〇メートル以上、南アルプスでは二九〇〇メートル以上に残っている。北海道の日高山脈では一六〇〇メートル前後に残っている。

日本アルプスには、穂高岳東面の涸沢カールや本谷カール、槍ヶ岳東南の天狗原カール（氷河公園）が有名である（**写真5**）。薬師岳東面のカール群（南稜カール、中央カール、金作谷カール）、

写真６　中央アルプスの千畳敷カール

立山の西面の山崎カール、東面の内蔵助カール、猿股のカール、黒部五郎岳の五郎のカールなどがある。モレーンとしては槍ヶ岳の殺生モレーン、大槍モレーンなどがある。

立山の山崎カールは日本で最初に氷河地形を研究した山崎直方にちなんだ名前で、天然記念物になっている。

中央アルプスには、木曽駒ヶ岳の南の宝剣岳（二九三一ｍ）の下の大きな千畳敷カールや極楽平カールと南駒ヶ岳（二八四一ｍ）のカール（摺鉢窪）がある。私も妻と一緒に見に行ったが、カールにはケーブルカーで容易にとりつくことができる（**写真6**）。

南アルプスは積雪量が少なかったためか氷河地形が少なく、仙丈ヶ岳周辺の仙丈沢カールと藪沢カールや、中岳と悪沢岳の間のカールがあるだけである（**写真7**）。

北海道の日高山地にはトッタベツ岳（一九五九ｍ）や幌尻岳（二〇五二ｍ）のカールなどがあってよく保存さ

写真7　南アルプスの仙丈沢カール。夜叉神峠から

れている。幌尻岳のカールはリス氷期（一八万〜一三万年前）ごろ形成され、トッタベツ岳のカールはウルム氷期（七万〜一・五万年前）ごろに形成されたが、日本アルプスの氷河もほぼ同じころに形成されたと考えられている（図28参照）。

現在見られる氷河の跡は少ないが、氷河周辺気候による構造土（こうぞうど）などが高い山で見られる。構造土は、地表面にある砂礫が凍結、融解のくりかえしをうけて、ふるい分けされた小石が移動してつくりだされた地面の模様である。多角形土（亀甲土）、円形土、条線土などがある。寒冷な高地であることと、石が適当な大きさに砕かれていることが条件である。乗鞍岳（三〇二六m）、白山（二七〇二m）や北海道の大雪山（二二九一m）などによく発達している（写真8）。

◉日本アルプスが高くなった理由

最後に、日本アルプスがどうして高くなったのかと

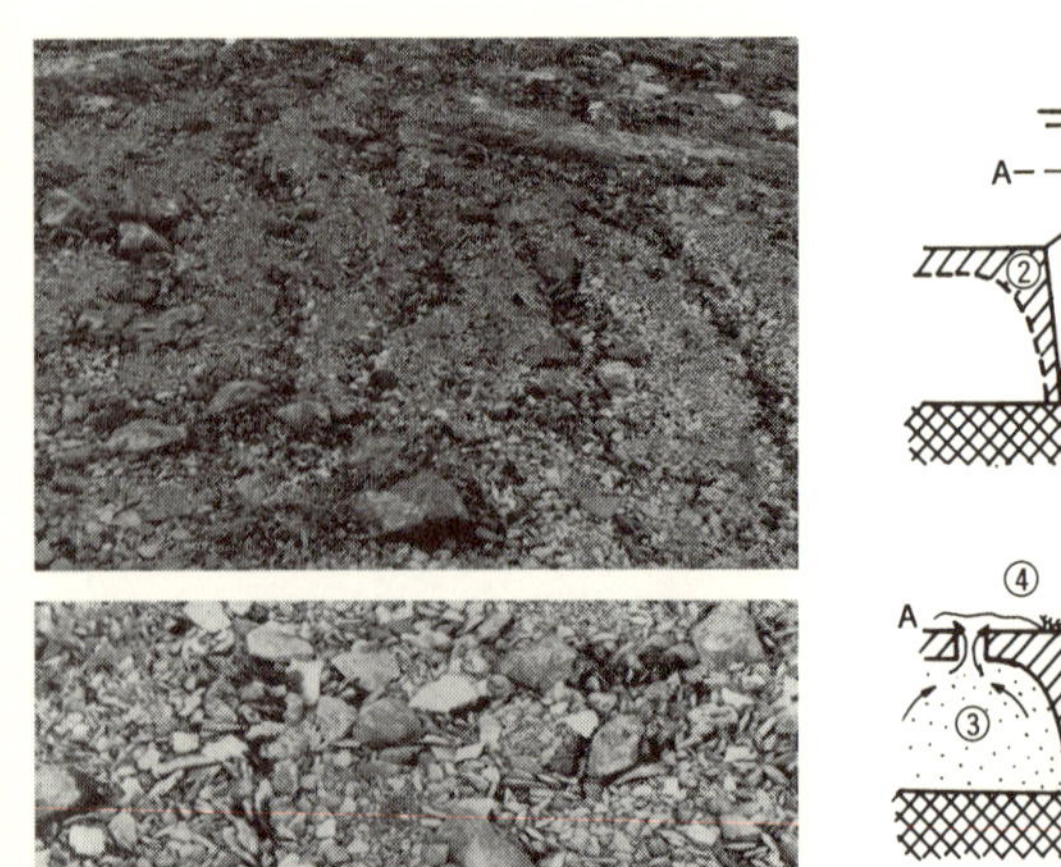

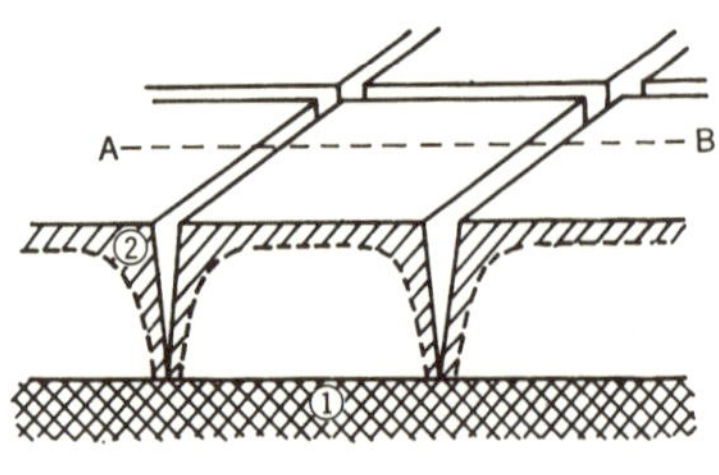

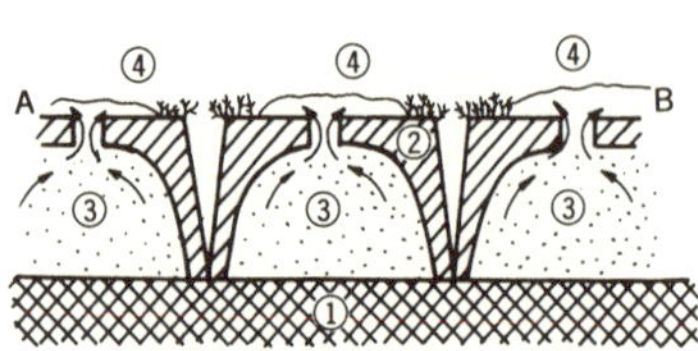

網状土の網の中央が盛り上る過程

①—永久凍土　②—活動層が上からおよび割れ目の側から凍って行く状態　③—凍上性の未凍土　④—上の凍土をつき破って地表に出た土　⑤—石が割れ目の方へ移動する

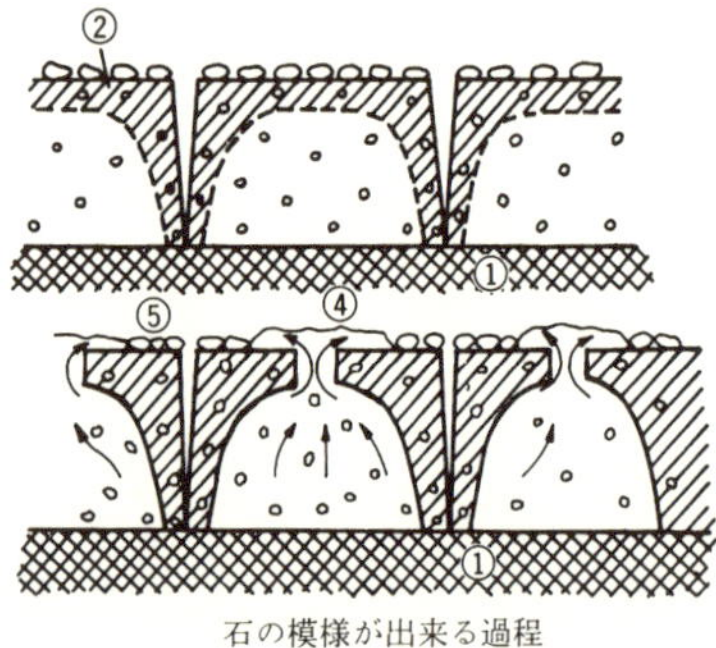

石の模様が出来る過程

写真８　大雪山の構造土（左）（国府谷盛明、1961より）と構造土のでき方（右）（木下誠一、1980より）

いう、基本的なことについて考えてみる。これについては多くの意見があるが今のところ定説はない。山の隆起は、プレートテクトニクスの導入以来、太平洋プレートの沈み込みによる圧縮テクトニクスで説明されているが、平朝彦は圧縮テクトニクスは副次的なものと考え、ほかの原因を模索しているようだ。

確かに東北日本の山脈形成（標高一〇〇〇〜一四〇〇メートル前後）は中新世中期の伸長テクトニクスから鮮新世以後の圧縮テクトニクスへのインバージョン（逆転）テクトニクス、東西方向の押しで、脊梁山脈の隆起や油田地帯の背斜構造は説明されるようであるが、日本アルプスの場合はどうだろうか。

日本アルプスは三〇〇〇メートル級の山岳である。フィリピン海プレートの南からの沈み込みにより隆起した丹沢山地の丹沢山は一五六七メートル、丹沢山地が衝突した関東山地には二〇〇〇メートル級の山があり、甲府花崗岩の金峰山は二五九九メートルである。一方、南部フォッサマグナでも、赤石山地の四万十帯の岩石に断層で接する櫛形山地には二〇〇〇メートル級の山がある。問題は三〇〇〇メートルの隆起の説明である。

隆起の原因をアジア大陸の広域な地殻変動と結びつける考えもあるが、日本アルプスの東を画する糸魚川―静岡構造線（糸静線）はユーラシアプレートと北アメリカプレートの境界で、その北方延長は、佐渡、北海道沖を通り、宗谷海峡に延びている、いわゆる日本海東縁変動帯である。

このプレート境界は、一九八三年ごろ、中村一明（一九八三）、小林洋二により提案されたものであるが、一九八三年の日本海中部地震（M七・七）、一九九三年の北海道南西沖地震（M七・八）の発生により注目された。プレート境界で沈み込みは確認されずユーラシアプレートが北アメリカプレートを押していると考えられている。西南日本ではフィリピン海プレートは北西方向に沈み込んでいるが、活断層や地震から求められる押しの方向は、藤田和夫（一九八五）が示しているように東西である。

このことから、日本海東縁変動帯の南方延長である糸静線の西方のアルプス山地には東方への圧縮テクトニクスが働いていると考えられる。そしてそれが太平洋プレートの沈み込みによる圧縮の効果をある時期（一〇〇万年前）以降、上まわっていたとは考えられないだろうか。

南アルプスはほとんど四万十層で構成されている。南部フォッサマグナの新第三紀層とは前述のように西落ちの逆断層で接している。接している櫛形山層も引きずられて隆起している。フィリピン海プレートによる圧縮による隆起は強かったものと考えられる。

中央アルプスは秩父帯に貫入した白亜紀の花崗岩が主な山地である。伊那谷の西側にあり、直接隆起に関係した顕著な断層は認められないが、伊那谷には東落ちの活断層が非常に多い。南アルプスの隆起に連動したものかもしれない。なお、南、中央アルプスの山地は全体として北北東—南南西に延びている。

北アルプスは最も複雑な地質で、結晶片岩、美濃帯の堆積岩、ジュラ紀の船津花崗岩、濃飛流紋岩、白亜紀の花崗岩がでているが、さらに更新世の火山岩（溶結凝灰岩）および花崗岩がコールドロンをつくっている。飛驒山脈の下には低速度領域が知られ、新しいコールドロン花崗閃緑岩もでている。圧縮の原動力は東西圧縮であろうが、おそらく最も地殻の密度が小さい（軽い）ことが、北アルプスを大きく隆起させた一つの内因と思われる。なお、北アルプスの山地の延びは南北である。

山の植生

全体として温帯に属している日本列島は樹木に覆われている所が多く、山をつくる石が見えるのは高い山か、雨や雪に削られ山肌の見える所か、沢筋だけである。

日本列島は北緯二四度から四五度にまたがっているため、気候に幅があって、樹林帯は地理的に、南から、①亜熱帯樹林帯（マングローブなど）、②照葉樹林帯（シイ、タブノキ、カシ、ヤブツバキなど）、③落葉広葉樹林帯（ブナなど）、④針葉樹林帯（アカエゾマツなど）、⑤高山帯（ハイマツと高山植物）に分けられている。

この中で、西南日本の照葉樹林帯と東北日本の落葉広葉樹林帯が大部分を占めているが、照葉樹林帯は、太平洋側では釜石、日本海側では酒田付近まで分布している。北海道での落葉広葉樹林帯の北限は道南の黒松内低地帯である。

このような樹林帯はまた高度によって変化する。北アルプスでは山麓は落葉広葉樹林帯だが、高度一五〇〇メートル以上では針葉樹林帯、二〇〇〇メートル以上では亜高山性針葉樹林帯（シラビソ、コメツガなど）になる。二四五〇メートル付近が森林限界で、それ以上は高山帯となっている（**図5**）。北に

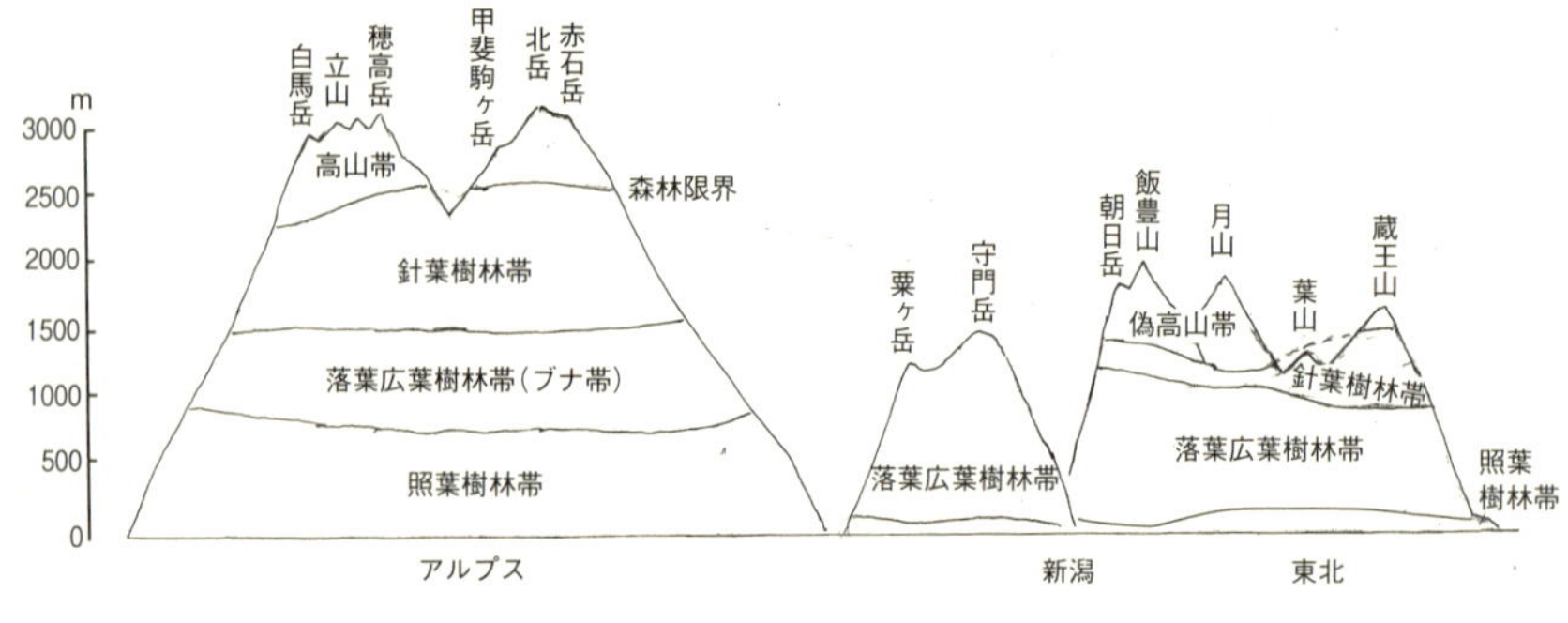

図5　北アルプスから蔵王山に至る山岳の樹林帯

位置している北海道の大雪山や羊蹄山では森林限界が一六〇〇メートルくらいだが、利尻山ではさらに一三〇〇メートルぐらいに下がっている。

かつて、ロシアの極東のコリマ地方（北緯六二度）を旅行したときに、マガダンの北方のタラヤ付近で、ツンドラ地帯にある山を見学した。標高三〇〇メートル足らずの白亜紀の酸性火砕岩が凍結破砕されたガレの山で、木が生えていない。その麓の平地には亀甲状の構造土が一面にできている。そこの岩の隙間に日本の北アルプスの高山帯に生えているチョウノスケソウが咲いているのを同行の日本人が見つけた。ここが森林限界で、構造土はもうせん状のトナカイゴケなどの地衣類で覆われ、まばらにコケモモやハイマツや大きなきのこが生えていた（**写真9、10**）。

山の景観は山容にもよるが、見事な樹林帯の変化によっても大きく変わる。初夏の落葉広葉樹林帯に見られるブナの新緑や秋の燃えるような紅葉など、四季の変化は目を楽しませてくれる。ブナ林に富む白神山地は世界自然遺産に登録された。白神山地のほかにも東北地方では、栗駒山、裏八幡平、八甲田連峰、真昼山地（和賀岳を

写真9　ロシア、極東マガダン州タラヤ付近の森林限界

含む）にはブナの森が広がっている。

W・ウェストンは、『日本アルプスの登山と探検』（一八九六）の中で、「日本アルプスはたしかに氷河に覆われた峰の輝きをみせてはいないし、その規模もスイスの有名なアルプスに比べると三分の二ほどのものでしかない。しかし、その渓谷の画のような美しさ、どっしりした山腹を覆おう、うっそうとした静寂な森林の壮麗さは、私がかつてヨーロッパ・アルプスの放浪でみた、いずれにもまさるものである」と述べている。西日本に「日本の百名山」が少ないのは、樹林帯の変化に乏しいことも一因かもしれない。

同じ標高一五〇〇メートル前後の丹沢山地の山と朝日連峰の山を比べると、朝日連峰や飯豊連峰の方が植生の変化があって楽しめる。飯豊連峰などは標高二〇〇〇メートル前後の山々だが、シラビソなどの亜高山性針葉樹林帯がなく、山頂部は高山帯に似ているので、偽高山帯とよばれている（**図5**）。一方、雨量が多く、

写真10　タラヤ付近のツンドラ地帯の構造土群。白色部はトナカイゴケ

照葉樹の原生林にうっそうと覆われた紀伊半島の大台ヶ原山（一六九五ｍ）や大峰山系の山々は修験者をひきつけたものと思われる。

高山帯には高山植物の咲き競うお花畑がある。小泉武栄は南アルプスのお花畑が北アルプスのそれより勝っている要因の一つは山の地質だと述べている。南アルプスは四万十帯の砂岩、頁岩でできている。それが風化してできる岩屑は通気性が良く、粘土質の部分は保水性が良いためだと。一方、北アルプスをつくる溶結凝灰岩や花崗岩の風化物は高山植物の生育にはあまり良いものではなさそうだ。

山がおもな対象の国立公園、国定公園

日本の国立公園の数は三四、国定公園は五六で、合わせた数は九〇である。そのうち陸地が五二で、その多くは山岳、とくに火山地帯で、東日本が三分の二を占めている。残りは海岸や島だが、富士箱根伊豆国立公園のように、火山が主役で、海岸や島が付随する所がある。

最近、ジオパークづくりが盛んで、国立・国定公園と重複している地域も多い（**巻末付表1**）。本書ではジオパークではなく公園をもとにして述べる。

陸地が対象の国立・国定公園を火山と非火山性山地に分けると、おおよそ次ページの表のようになる。

おもに山岳を対象にした国立・国定公園

東日本

●古生層、中生層、花崗岩

公園名	区分	都道府県	おもな山岳
日高山脈襟裳			日高山脈、襟裳岬
早池峰			早池峰山
越後三山只見			八海山、中ノ岳、駒ヶ岳
秩父多摩甲斐	国立	東京・埼玉・山梨	瑞牆山、甲武信岳、大菩薩岳
妙義荒船佐久高原			妙義山、荒船山
丹沢大山			丹沢山地、大山
南アルプス	国立	山梨・長野・静岡	南アルプス、甲斐駒ヶ岳

●第四紀火山

公園名	区分	都道府県	おもな山岳
阿寒摩周	国立	北海道	阿寒、屈斜路、摩周カルデラ
大雪山	国立	北海道	大雪山系、十勝山系
支笏洞爺	国立	北海道	支笏、洞爺、屈斜路カルデラ
十和田八幡平	国立	青森・岩手・秋田	十和田、八幡平、八甲田山
栗駒			栗駒山
蔵王			蔵王山
鳥海			鳥海山
磐梯朝日	国立	山形・新潟・福島	磐梯山、吾妻山、月山、(朝日、飯豊連峰)
日光	国立	福島・栃木・群馬・新潟	男体山、白根山、那須岳、高原山
尾瀬	国立	群馬・福島・新潟	尾瀬湿原、燧ヶ岳
上信越高原	国立	群馬・新潟・長野	浅間山、草津白根山、苗場山、(谷川岳)
妙高戸隠連山	国立	新潟・長野	妙高山、黒姫山、飯縄山、(戸隠山)
富士箱根伊豆	国立	山梨・神奈川・静岡・東京	富士山、箱根山、天城山

西日本

●古生層、中生層、花崗岩

公園名	区分	都道府県	おもな山岳
中部山岳	国立	長野・岐阜・富山・新潟	北アルプス
吉野熊野	国立	三重・奈良・和歌山	大台ヶ原、大峰山
鈴鹿			御在所山
室生赤目青山			室生山
金剛生駒紀泉			金剛山、生駒山
高野龍神			高野山
比婆道後帝釈			比婆山、道後山
剣山			剣山
石鎚			石鎚山
耶馬日田英彦山			英彦山
九州中央山地			市房山
祖母傾			祖母山

●第四紀火山

公園名	区分	都道府県	おもな山岳
白山	国立	富山・石川・福井・岐阜	白山
大山隠岐	国立	鳥取・島根・岡山	大山、三瓶山
雲仙天草	国立	長崎・熊本・鹿児島	雲仙岳
阿蘇くじゅう	国立	熊本・大分	阿蘇カルデラ、九重山群、由布岳、鶴見岳
霧島錦江湾	国立	鹿児島	霧島火山群、桜島

東北地方の山

ここではまず、三面（みおもて）―棚倉（たなくら）構造線より東の東北地方を取り上げよう（図6）。この地方は地形、地質の上から大きく北上山地、阿武隈山地、グリーンタフ地域の三つに分けられる。北上川や阿武隈川のあたりを通り、重力異常が七〇ミリガルの等値線にほぼ一致する線は坪井忠二らによって盛岡―白河構造線と名づけられた（図6）。この線の西側、日本海まではほぼグリーンタフ地域である。

東北地方の火山帯と火山列

島弧―海溝系に属している日本列島では、東北日本の東側の火山は太平洋プレートが沈み込む海溝にほぼ平行に、島弧の中の一つの線――火山フロント（前線）に沿って分布している。盛岡―白河構造線は火山フロントに平行している。

図６　東日本の山と海岸の景勝地

杉村新は、日本列島の火山を東日本火山帯（千島から東北日本を通って伊豆七島、火山列島につづく帯）と西日本火山帯（中国地方大山にはじまり、九州から琉球にぬける帯）の二つにまとめることを提案した。最近の地図帳にもこの区分図がのっているものがある。

確かに従来の火山帯の区分はおもに地理的な分布を示していた。しかし杉村の二つだけでは細かい議論はできない。巽好幸はプレートテクトニクスにもとづいて火山帯を設定しているが、従来の火山帯と大きくは変わっていない。

◉火山の形成年代

近年とくに東北日本の火山の年代測定が進んだ。

例えば、火山噴出物の重なりや年代値をもとにした安達太良火山の形成史をみると、第一期（五五万〜四五万年前）、第二期（三五万年前ごろ）、第三期（二〇万年前）、第四期（一二万〜二四〇〇年前〜現在）と、じつに五五万年という長い時間をかけて火山体ができあがったことになる（藤縄ほか、二〇〇一）。

年代値のわかっている火山の形成年代を比べてみると、一四〇万年前にいわゆる那須火山帯のいくつかの火山の活動が始まり、六〇万年前ごろに活動を終わった船形火山などがある。このような火山は火山の原形をとどめていない。

そして六〇万年前以降多くの火山が活動を始めたが、三〇万年前ごろに活動が終わった田沢湖、乳頭

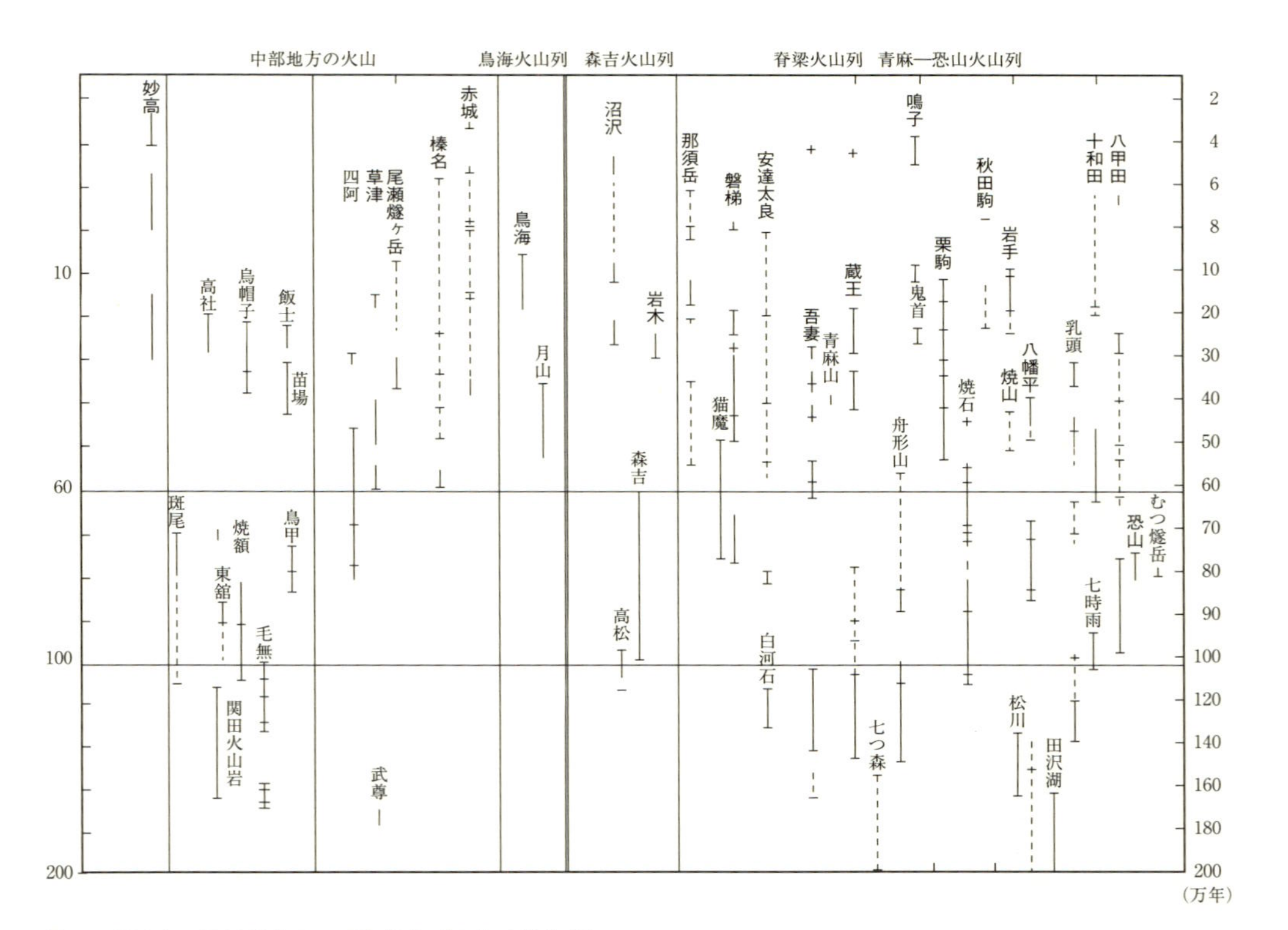

図７　東日本の第四紀火山の噴出年代（太字は活火山）

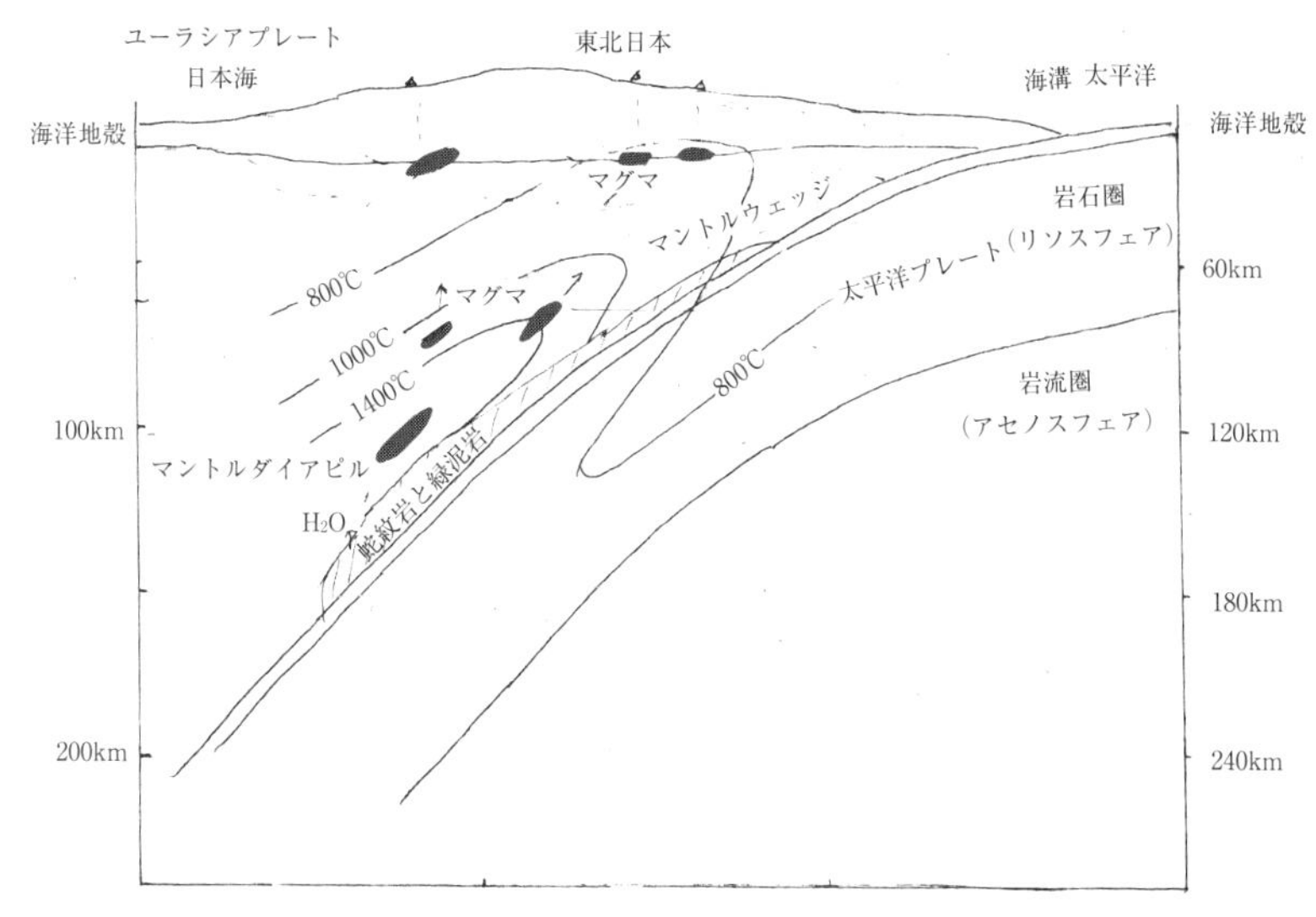

図8　プレートの沈み込みとマグマの形成

火山のようなものもあるが、その多くは現在、活火山になっている（図7）。

いわゆる火山帯も長い年月かけてできあがったもの、長い年月のプレートの沈み込みの結果である（図7）。

◉マグマはどのようにできるのか

では、プレートの沈み込みにより、マグマはどのようにしてできるのだろうか。長谷川昭ほか（二〇〇八）、中島淳一・長谷川昭（二〇〇九）を参考にして書いてみる（図8）。

一般に地球内の温度は深くなれば高くなるはずだが、日本の火山のマグマのでき方は冷たい太平洋プレートなどが沈み込んでいるため複雑である。

海溝で沈み込んでいる太平洋プレートは水を含んでいる。そのためプレートが地下約五〇キロメートル（約八〇〇度）沈み込むと、それに接する上のマントル（かんらん岩）はプレートからはじきだされた水によって蛇紋岩化しはじめる。プレートが一五〇キロメートル近くまで沈み込むと蛇紋岩と緑泥石となり、そこからしぼりだされた水がマントル中を上昇する。そして一〇〇〇度を超える深さ（一二〇キロメートル）に達すると、マントルの一部が融けてマグマのもとになるもの（マントルダイアピル）ができる。

ダイアピルはマントルより軽いので上昇し、一二〇〇度くらいになると、マントルを融かし、玄武岩質のマグマができる。マグマは上昇を続け、モホ面（約三〇キロメートル）付近に達する。このようなマグマの上昇の様子はS波の低速度帯として認められている（長谷川ほか、二〇〇八）。さらに上昇したマグマは地殻物質を取り込んだり、結晶分化したり、ほかのマグマと混合したりして、いろいろな成分のマグマとなり、地上に噴出する。

では、火山フロント（あるいは火山帯）の上にいろいろな火山がのっていることをどう説明できるのだろうか。これも難しい問題であるが、プレートは絶え間なく沈み込んでおり、プレートの上面は均質でなく、地震学でいうアスピリティ的（でこぼこ）であろう。また地殻、マントルも均質ではない。それが火山帯や火山の多様性を生じているのであろうといえるだけである。

東北日本の火山帯では太平洋側から日本海側に向かって、ソレアイトから高アルミナ玄武岩をへてアルカリ玄武岩へと変化することが、すでに久野久（一九七六）により明らかにされた。ソレアイトと高アルミナ玄武岩はそれぞれ、那須火山帯と鳥海火山帯の火山岩にほぼ対応している。

◉岩石の組成で火山帯を分類する（図9、15参照）

近年、東北日本の火山帯の火山岩の年代測定や岩石の地球化学的研究が進み、岩石学者はさらに化学組成によって火山帯を細分し、東から、青麻（あおそ）―恐山火山列、脊梁火山列（ほぼ那須火山帯に相当）、森吉火山列、鳥海火山列（鳥海火山帯）を設定している（伴ほか、一九九二、高橋・小林、一九九八）。岩石化学的なことを詳しく説明すると専門的になりすぎるので、ここでは簡略に用語の説明をしておきたい。

マントルで形成されるマグマは珪酸分の少ない玄武岩質のものである。このマグマがそのまま固まれば玄武岩になる。同じ珪酸分の量の玄武岩を比べた場合、アルカリの量の多いアルカリ玄武岩と少ない非アルカリ玄武岩に分けられる。非アルカリ玄武岩は、珪酸分が増えたとき鉄分が増えるソレアイト系列の岩石と増えないカルクアルカリ系列の岩石に分けられる。ソレアイトの中の酸化アルミニウム（アルミナ）が一六パーセント以上のものを高アルミナ玄武岩という。ソレアイトとアルカリ玄武岩以外の玄武岩の多くがカルクアルカリ質の玄武岩である。

それぞれ玄武岩のマグマはおもに地殻内で、いろいろな作用（結晶分化作用やマグマ混合作用や混成作用など）で変化して、安山岩やデイサイトのマグマになるが、ソレアイト系列の玄武岩マグマから変化した岩石類がソレアイト系列の岩石で、輝石安山岩がおもなものである。カルクアルカリ玄武岩から変化した岩石がカルクアルカリ系列の岩石で、輝石安山岩、角閃石輝石安山岩、角閃石安山岩、角閃石や黒雲母を含むデイサイトおよび流紋岩である。

グリーンタフ地域の中軸になっているのは奥羽山脈（脊梁山脈）で、その上に脊梁火山列の火山がのっている。北から、北、南八甲田山（一五八五m）、十和田、八幡平（一六一三m）、秋田焼山（一三六六m）、岩手山（二〇三八m）、秋田駒ヶ岳（一六三七m）の火山である。空白域があって、その南に、焼石岳（一五四七m）、栗駒山（一六二六m）、鬼首（高日向山　七六九m）、鳴子、船形山（一五〇〇m）と続くが、デイサイトの鬼首、鳴子の火山を除くと、輝石安山岩である。焼石岳と船形山の火山は六〇万年前の古い火山で、解析が進んでいる。

船形山と蔵王山の火山の間は、空白域である。蔵王山（一八四一m）の南には、吾妻山（二〇三五m）、安達太良山（一七〇九m）、磐梯山（一八一六m）、猫魔ヶ岳（一四〇四m）の火山があるが、第四紀の初めのデイサイトの広域火砕流（白河石）をはさんで、那須岳（一九一五m）の火山に続く。すべて輝石安山岩の成層火山で、秋田焼山、磐梯山以外はソレアイト系列の安山岩を含んでいる。

脊梁火山列の少し北東側の下北半島の輝石安山岩のむつ燧岳（七八一m）、角閃石輝石安山岩の恐山（大尽山　八七八m）や、角閃石安山岩の七時雨山（一〇六三m）や青麻山（七九九m）の火山はやや古い年代と化学成分の類似性から青麻―恐山火山列の火山とされている。しかし、最近の年代の測定結果では、恐山火山は八〇万年前から活動した古い火山なのに対し、青麻火山は五〇万年前という違いがでてきたので、青麻―恐山火山列という名前は検討する必要があろう。

脊梁火山列の西側の森吉火山列の火山は、岩木山（一六二五m）、秋田県の田代岳（一一七八m）、森吉山（一四五四m）、高松岳（一三四八m）、山形県の村山葉山（一四六二m）、白鷹山（九九四m）、デイサイトの肘折カルデラ、福島県の沼沢などの火山である。森吉火山列の多くの火山は浸食されているが、岩木山、

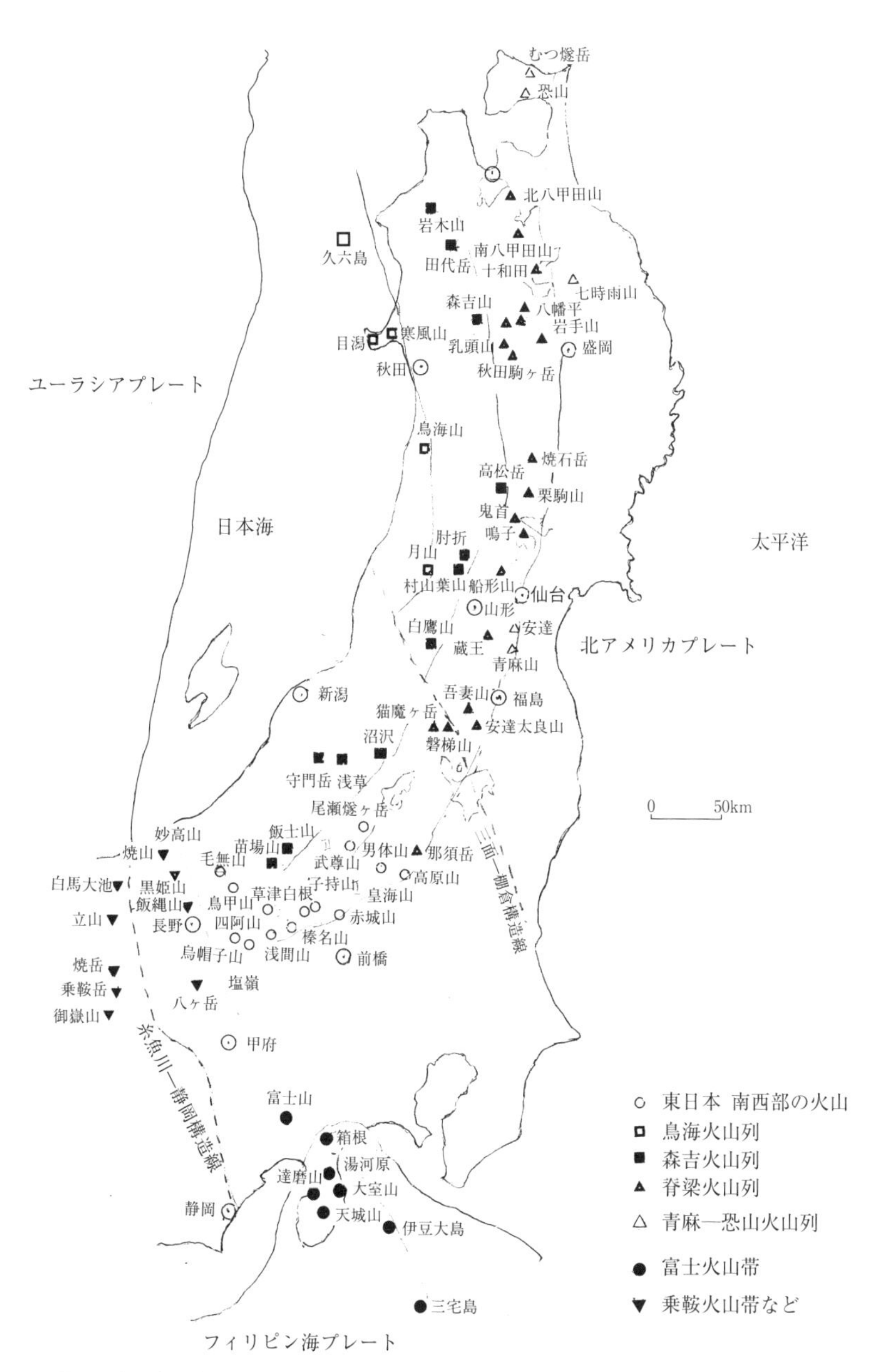

図9 東日本の火山の配列とプレート境界

沼沢は火山体が残っている。この系列の火山岩はカルクアルカリ系列の角閃石輝石安山岩が多く、デイサイトをともなうものがある。

さらに西側の鳥海火山列の火山は、目潟、寒風山（三五五m）、鳥海山（二二三六m）、月山（一九八四m）、久六島の火山である。鳥海山は高アルミナ玄武岩と輝石安山岩で、ソレアイト系列であるが、ほかの火山はカルクアルカリ系列の安山岩である。

以上のように、東北地方の火山の多くは成層火山で、おもに安山岩でできているが、八甲田山、十和田、八幡平、青麻山、蔵王山、猫魔ヶ岳、七時雨山、森吉山、村山葉山、沼沢などの火山はデイサイトをともなっている。鬼首、鳴子、肘折はデイサイトだけの火山である。

◉山の姿と噴火

東北地方の火山で最も高いのは鳥海山である。一三〇〇メートル以上の火山は二〇で、全体の六〇パーセントを占めている。脊梁火山列の栗駒山と鳥海火山列の鳥海山の距離は約四三キロメートルである（写真13参照）。

東北新幹線や高速道を北上すると、那須岳、安達太良山、吾妻山、蔵王山、船形山、栗駒山、岩手山などの火山が次々と窓の外に眺められる。その中で稜線のきれいな山は岩手山である。それはその他の火山では基盤の新第三紀層や古い火山体が高い所まででていて、新しい火山体がその上にのっているか、火山体が浸食されてもとの姿を失っているかのどちらかであるからだ。

写真 11　八幡平（北側）から見た岩手山。前方は西岩手、後方は東岩手（土井宣夫氏提供）

脊梁火山列の岩手火山の基盤は、二五〇万〜一〇〇万年前の玉川溶結凝灰岩および約一六〇万年前に噴出した松川安山岩である。約三〇万年前、玄武岩や輝石安山岩の溶岩流と火砕流を噴出して西岩手の成層火山をつくった。約一二万年前、山体の南東部が大崩壊し、崩壊カルデラをつくった。その後、玄武岩の溶岩、火砕岩が噴出、カルデラを埋め、山体の頂部に西岩手カルデラが形成された。西岩手カルデラは険しい壁をつくり、鬼ヶ城などとよばれている。西岩手火山ではその後何度も輝石安山岩の噴出が起こり、山体崩壊を起こした。現在、西岩手山体の表面には浸食谷が発達し、険しい山容を示している。

その後、噴火の中心は東に移り、約三万年前、玄武岩の溶岩流やスコリアの噴出など穏やかな噴火をくりかえした。約七〇〇〇年前、東岩手の薬師岳火山ができた。薬師岳火口内には御室火口と妙高岳の火砕丘がある。一七三二年に北東山腹に火口を生じ、焼走り溶岩を流しだした。この溶岩はかんらん石輝石安山岩である。南部片富士とよばれて

写真12　吾妻山の吾妻小富士

いるように、東岩手山の東斜面と南斜面は裾野が美しいが、北側から見ると西岩手山体は荒々しい（**写真11**）（土井、二〇〇〇）。

福島から眺められ、磐梯吾妻スカイラインで容易に火山の傍に行くことができる吾妻火山では、大きな火山体の上に形の良い吾妻小富士（一七〇七m）がのっている。吾妻火山群は西吾妻山（二〇三五m）、中吾妻山（一九三一m）、東吾妻山（一九七五m）からなり、東西一三キロメートルで、福島から見えるのは東吾妻火山である。

東吾妻火山では、一〇〇万年より前に、古い一切経火山の噴出が始まり、輝石安山岩の溶岩を東側に流出した。そして、五〇万～四〇万年前に、南西に東吾妻火山体ができ、安山岩溶岩を南側に流した。三〇万年前に高山火山体や一切経火山体も形成された。その後、二八万～一〇万年前、一切経火山体の崩壊により浄土平爆裂カルデラができた。約六〇〇〇年前に、

写真 13　栗駒山（那須火山帯）から鳥海山（鳥海火山帯）を遠望

このカルデラ内にスコリア丘の吾妻小富士が形成された（**写真12**）。

一八九三（明治二十六）年の噴火で、小富士の西約一・五キロメートルに大穴火口ができた。同年六月四日、調査に入った二人の地質技師が噴石に当たり殉職した。一九七七（昭和五十二）年にはこの火口で水蒸気を主とする噴火が起こり、火山灰を噴出した。現在も噴気活動が続いていて、立ち入りが制限されている。吾妻火山の東の安達太良山の南側の稜線もきれいだ。

岩手山以外で山の形が円錐状で、美しい裾野の見えるのは、岩木山である。鳥海山の西斜面、磐梯山の南斜面も美しい裾野をつくっている（**写真13**）。

森吉火山列の森吉山は一〇〇万年前に安山岩の火砕岩からなる成層火山を形成した。その後、大規模な火砕流、デイサイトの溶岩を流出した。山頂部にカルデラをつくったが、カルデラの壁に七〇万年前に溶岩ドームをつくった。噴火活動は六〇万年前に休止した。

鳥海火山列の代表である鳥海山は出羽にそびえる大きな火山である。第一期の活動は古期鳥海火山体の形成で、約五〇万年前に起こった。その後、一六万年前に溶岩を流出し、西鳥海の成層火山を形成した。この火山体は山体崩壊をくりかえしたが、溶岩を流出して、西鳥海カルデラをつくった。約二万年前に東鳥海の成層火山をつくった。この火山体は二五〇〇年前北側が崩壊して馬蹄形カルデラをつくった。北西山麓の潟に象潟(きさかた)岩屑なだれが流れ下って流れ山をつくり、多数の島ができ、多島海的な風景ができた。やがて一八〇四年に地震で二メートル隆起し、潟は陸化した。その後、有史時代にも幾度も溶岩を噴出した。

火口湖をもっているのは、恐山(宇曽利山湖)、岩手山(御釜湖)、栗駒山(昭和湖)、蔵王山(御釜)、吾妻山(五色沼)の火山で、十和田湖はカルデラ湖である。

活火山は、恐山、八甲田山、十和田、八幡平、岩手山、秋田駒ヶ岳、秋田焼山、栗駒山、鳴子、蔵王山、吾妻山、安達太良山、磐梯山、那須岳および岩木山、鳥海山、肘折、沼沢である。

グリーンタフ地域
——海底で噴出し変成・変質作用をうけた火山物質がでている地域

緑色に変質した火山物質(グリーンタフ)は、北海道から島根県まで日本海側に広く分布している。しかし、グリーンタフは北海道のオホーツク海側や南部フォッサマグナやさらに九州、琉球列島にもでている。ここでは縁海形成により生じた東北日本のグリーンタフ地域について述べる。

　グリーンタフ地域は、原日本がシベリア大陸から分離、移動して、ほぼ現在の位置に定着した直後、新第三紀中新世中期（約一五〇〇万年前）に日本海側に生じた長大な半地溝帯（ハーフグラーベン）に由来する。この地溝帯で安山岩を主とする激しい海底火山活動が起こり、溶岩や火砕物を噴出したが、火山物質は低度変成作用や熱水変質作用などの影響で緑色に変質した。そのため、火山砕屑岩はグリーン（緑色）タフ（凝灰岩）とよばれている。緑色を示すのは、おもに含まれている緑色の粘土鉱物（緑泥石、絹雲母、スメクタイト）によるが、沸石（ふっせき）なども含んでいる。

　グリーンタフの堆積盆地は、西に移動しながら深くなり、玄武岩、流紋岩や厚い泥岩が堆積した。この泥岩の中の有機物（プランクトンなど）が石油のもとになった。グリーンタフの堆積盆地は日本海海底まで広がっている。グリーンタフ地域には、銅、鉛、亜鉛、石膏を主とする黒鉱（くろこう）鉱床などの金属鉱床も多い。

　黒鉱鉱床は海底噴気堆積鉱床とよばれ、グリーンタフを噴出した海底の火山活動に関係している。

　この堆積盆地は中新世末から鮮新世に沈降から隆起に変わり、山脈をつくった。グリーンタフ地域の中で南北方向に隆起しているのが、奥羽山脈と出羽山地である。グリーンタフ地域の中で、やや高い山は奥羽山脈の真昼山地の和賀岳（一四三九ｍ）、真昼（まひる）岳（一〇五九ｍ）である。那須火山帯の多くの火山の高さは、隆起した奥羽山脈の高さに火山噴出物の厚さが加算されたものである。出羽山地にはあまり高い山がない。

グリーンタフは東北地方に最もよく分布しているが、日本海側の北陸地方や山陰地方にも分布し、島根県まででている。日本海形成後のハーフグラーベンに噴出したグリーンタフ以外に、大陸で漸新世〜中新世前期に噴出したグリーンタフが男鹿、佐渡などに分布している。それについては海岸の章で説明する。

東北地方の地形の配列は南北方向だが、新第三紀以前の地質構造は北北西—南南東方向で、西側の阿武隈帯と東側の北上帯が併走し、北部北上帯の延長は西南北海道に達している。

グリーンタフ地域と北上山地や阿武隈山地との境は、大きくは上述の盛岡—白河構造線であるが、実際には両者の境は、北上川の河谷よりやや西側で、北上市の西方の和賀仙人付近、一ノ関市西方の瑞山付近などである。そこではグリーンタフや泥岩と基盤の花崗岩や粘板岩が断層で接している。

盛岡—白河構造線の東にもグリーンタフと同じ時代の堆積岩や中新世中期の稲瀬火山岩などが分布しているが、ほとんど変質していない。福島県でもほぼ同様で、福島市の東方の花崗岩の上に南北に延びて、標高約八〇〇メートルの中新世中期の新鮮な安山岩でできた山がある。霊山(りょうぜん)とよばれ、盾のように連なり、目立っている。この山には霊山寺があり、山岳信仰の山で、南北朝時代の城の跡としても知られる。

グリーンタフ地域内には、グリーンタフの中に、基盤の花崗岩や変成岩や堆積岩が顔をだしている所がある。そのような地域は隆起の著しい地域である。

秋田、山形県境の神室(かむろ)山地（神室山　一三六五ｍ）には、阿武隈山地の花崗岩、変成岩が、秋田県の太(たい)

平山（一一七〇m）には北上山地の花崗岩、青森、秋田県境の白神山地の白神岳（一二三五m）にも北上山地の花崗岩がでている。

阿武隈山地の西縁は棚倉構造線で切られているが、棚倉構造線は朝日山地の三面付近まで延びているので、三面―棚倉構造線とよんでいる。この構造線は新第三紀以前の東北日本と西南日本との境界線に相当する。

南北方向を示す中新世中期の安山岩を主とするグリーンタフが分布するのは三面―棚倉構造線までで、その西部の会津盆地から只見、新潟県の津川付近までは、流紋岩を主とするグリーンタフ地域になるので、津川―会津区と区別している。

北上山地の南北に接する蛇紋岩の早池峰山

北上山地（図10）は地質が複雑で、古くから多くの人によって研究されてきた。海岸の景観にはすぐれた所が多いが、山の景観は顕著なものが少ない。蛇紋岩でできている早池峰山（一九一七m）と花崗岩でできている五葉山（一三五一m）、室根山（八九五m）、大きな石灰岩の岩体の宇霊羅山（六〇四m）ぐらいのものである。

北上山地は南部北上と北部北上に大きく分けられる。南部北上にはオルドビス紀より古い母体変成岩

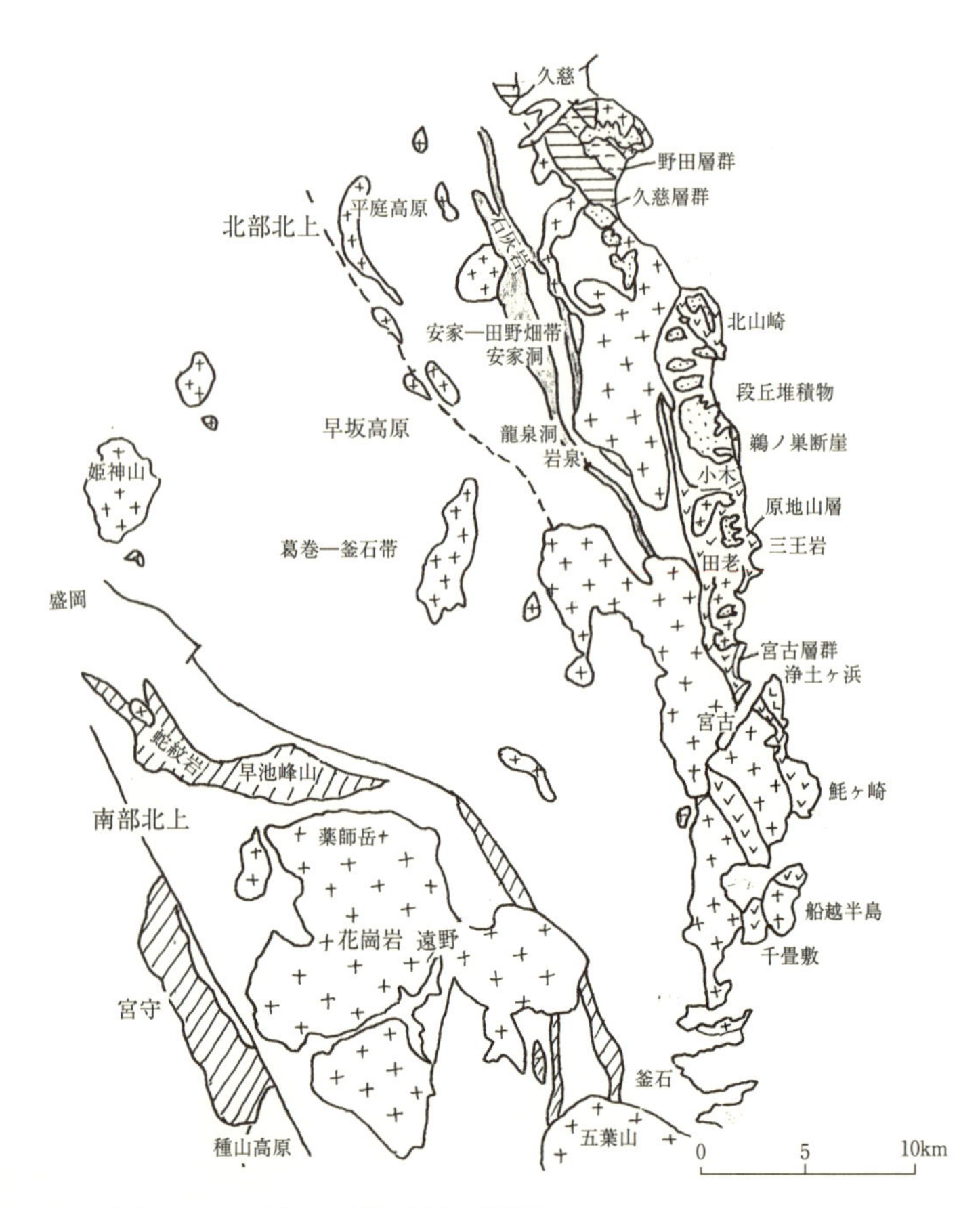

図 10　北上山地の北半分の地質と海岸の景勝地

（約五億年前）と氷上花崗岩（約四億五〇〇〇万年前）がある。古生層の大部分はシルル系、デボン系、石炭系、ペルム系の浅海性の地層で、化石が豊富である。三陸海岸の南部には三畳系、ジュラ系、白亜系の中生層がでている。中生層、古生層を白亜紀の花崗岩が貫入している。大きな花崗岩体は西側の千厩岩体、東側の気仙川岩体、五葉山岩体と中央部の遠野岩体である。

南部北上と北部北上の境界部は早池峰山を通る構造線で、**図10**のように、釜石の西方から北北西に延び、早池峰山付近で東西方向に近くなり、その西では北西方向に変化している。この線沿いには時代不明な古生層（デボン系か）がでていて、蛇紋岩が貫入し、南部北上の北縁部とよばれている。

北部北上は大部分が砂岩、泥岩、石灰岩、チャート、火山岩で、化石は少なく、西側から、葛巻―釜石帯、安家―田野畑帯に分けられる。主体はジュラ系であるが、ペルム系、三畳系の岩石が混在している所もある。安家―田野畑帯には安家石灰岩とよばれる巨大な石灰岩体（宇霊羅山体）があり、龍泉洞、安家洞などの鍾乳洞がある。宇霊羅山はアイヌ語で霧や靄の多い山という意味である。二〇一六年、めずらしく台風の直撃をうけ、高原地帯の狭い河川に沿う岩泉、安家などは甚大な洪水災害をうけた。

堆積物の性質や混在岩があることなどから、北部北上の堆積岩は、南部北上の堆積岩と違い、その場に堆積したものではないと考えられている。古生代後期にできた海洋地殻の上に堆積した堆積物が、それをのせたプレートがジュラ紀に大陸のへりに沈み込むときに運ばれてきて、もともとあったものに付け加わってたまったもの（付加体）と考えられている。

北部北上の東部には、ほぼ南北方向に延びた白亜紀前期に貫入した宮古、田野畑、階上花崗岩体が分

写真14　早池峰山（右）と薬師岳（左）。手前の川は薬師川。東方よりの眺め
（「早池峰の自然観察」発行：公益財団法人日本自然保護協会より）

布している。これら花崗岩は海洋プレートが沈み込んで形成された花崗岩（アダカイト）とされている。白亜紀前期の後半に入ると、浅海成～陸成の地層の堆積が始まり、花崗岩の上に不整合に重なる。このような堆積は古第三紀まで続いている。

準平原状の北上山地には早池峰山（一九一七m）、薬師岳（一六四五m）、五葉山（一三五一m）のように高い山もあるが、種山高原（八七一m）や平庭高原（一〇六〇m）、早坂高原（九一六m）のような高原もある。種山高原は宮沢賢治の童話で知られている。

北部北上は、全体として南部北上より高く、中央部には一〇〇〇メートルより高い山が多くなっている。境界部の早池峰帯は、一〇〇〇メートルを超す山だが、その南方には一〇〇〇メートルより高い山がない。

早池峰山は北上山地の前述の構造線に沿い、東西方向に固体貫入した蛇紋岩からなる。蛇紋岩の大きな岩体は風化されにくいので、残丘として残った（**写真14**）。その南の薬師岳は遠野花崗岩の北の端にあたる。花崗岩は一般に風化、浸食されやすいので、北上山地では高原や盆地状を示す所が多いのだが、薬師岳はなぜ高い山として残ったのだろうか。

花崗岩が貫入すると、岩体のへりは少し早く冷えるため細粒となる。そして、まわりの岩石は熱変成岩になり風化しにくくなる。薬師岳は遠野花崗岩のへりにあるため細粒化し、さらに早池峰山との間にある粘板岩が熱変成によりホルンフェルスになっているため、全体として風化しにくくなって高い山として残っている部分である。五葉山も花崗岩体の端の部分である。

早池峰山の山腹はゴツゴツした蛇紋岩の岩塊斜面である。ハイマツなどの低木帯で、その下が針葉樹林帯である。岩塊斜面のため、森林限界が数百メートルも低くなっている。蛇紋岩は花崗岩のように風化しないので、岩塊として残っているのである。山頂部には蛇紋岩植物といわれるナンブイヌナヅナ、カトウハコベ、ヒメコザクラなどの高山植物が豊富で、ハヤチネウスユキソウ（エーデルワイス）も見られる。蛇紋岩はかんらん岩が変化した岩石で、マグネシウムやクロームに富んでいる。蛇紋岩植物はマグネシウムなどの多い土壌に適した植物でなく、耐えられる植物とのことである。

早池峰山に登ったのは、五〇年くらい前で、十月末に仲間と二人で、山田線の平津戸駅で降り、北斜面を登った。岩石を調べるのが目的で、植生などは意識しなかったが、森林限界から上の岩塊斜面はきつい斜面だった。東北地方で、時期が時期であったので、登山者もなく、寒い一夜を避難小屋で過ごしたことを思いだす。翌日、南側の河原坊におりた。

北上山地で、ほかに蛇紋岩のでている所は、南部北上山地の宮守地方と西縁部の母体地方である。宮守岩体は早池峰岩体に相当する大きさで、日詰（ひつめ）―気仙沼構造線に沿って貫入しているが、高さは一〇〇〇メートル前後でそれほど目立たない。

もう一つは北上山地の西縁近くにでている角閃岩にともなうもので、いくつかの岩体からなる。まわりは藍閃（らんせん）石を含む母体変成岩である。

早池峰山に似た山は群馬県の至仏山（しぶつ）（二二二八m）で、まわりの岩石が浸食されてもかんらん岩や蛇紋岩は風化しにくいので、そのまま残って高い山を形づくっている。蛇紋岩植物も見られる。

標高はそれほどではないが、まわりから際立っている室根山（八九五m）は花崗閃緑ひん岩というやや風化しにくい花崗岩質の岩石の山である。京都の東山になぞらえられた平泉の東の束稲山（たばしね）（五九五m）は石英モンゾニ岩で、山頂は岩体の北のへりである。遠くから見ると、きれいな三角形で、火山と見まちがえられる姫神山（ひめかみ）（一一二四m）は花崗岩でできている。

阿武隈山地――白亜紀の花崗岩でできたなだらかな高原

阿武隈山地の七〇パーセントは白亜紀の花崗岩である。そのため風化、浸食が進み、阿武隈高原といわれるようになだらかな高原地帯で、突出した山は大滝根山（おおたきね）（一一九二m）ぐらいで、「百名山」に入っている山は一つもない。阿武隈山地の西縁には三面―棚倉構造線があって、八溝（やみぞ）山地との境になっている。東縁には南北方向の双葉断層がある（図6）。

最南端の日立地方には石炭紀～ペルム紀の古生層が分布しているが、最近、西堂平変成岩が五億一一〇〇万年前（カンブリア紀）であることが明らかになった。この変成岩は、蛇紋岩を介在して石炭紀の地層とへだてられている。

阿武隈山地の南部に竹貫、御斎所変成岩（白亜紀か）、北東部にシルル紀より古い約四・五億年前の山上・松ヶ平変成岩がでている。

山地の北東縁には南北に走る双葉断層があって、西側にはデボン紀の古い地層と山上・松ヶ平変成岩がでていて、細長い山稜をつくっている。断層の東側には白亜紀後期の地層が堆積し、南東部には古第三紀層が広く堆積している。古第三紀層は石炭層を含み、かつて常磐炭田として盛んに採掘された。

二〇一一年の東日本大震災の後、飯舘村から断層を横切り南相馬市まで、友人二人と放射能測定器を持って、原発の傷跡を調べに行った。放射能の放散したのがなぜ南北に近い方向であるのか気になっていたが、それは花崗岩地帯と東側の古生層地帯が岩質の違いによって風化、浸食が違い、南北に近い山稜をつくっているからだと、現地に行き、理解することができた。

阿武隈山地で最も高い大滝根山には、花崗岩に取り込まれて、粘板岩や石灰岩（古生層？）が分布している。古生層は花崗岩により熱変成されて硬くなり残ったものである。石灰岩体中にはあぶくま洞や入水洞などの鍾乳洞ができている。

フォッサマグナ地域の山

日本列島を横断する糸魚川―静岡構造線（糸静線）の東側はフォッサマグナとよばれる地帯である。この構造線の西側は著しく隆起した北アルプスと南アルプスであるが、フォッサマグナの東のへりがどこかは確定されていない。フォッサマグナ地域は諏訪湖付近を境に南部フォッサマグナと北部フォッサマグナに分けられている。

南部フォッサマグナ――伊豆・小笠原弧が本州弧に衝突してできた

南部フォッサマグナ（図11）は、伊豆・小笠原弧が北上してきて、本州弧に衝突してできたと考えられている。一五〇〇万年前に沈み込みを始め、最初の衝突は赤石山地への櫛形山塊、ついで関東山地への御坂（みさか）山塊、丹沢山塊の衝突で、五〇〇万年前ごろに起こった。丹沢山塊が衝突した境は、ほぼ桂川、

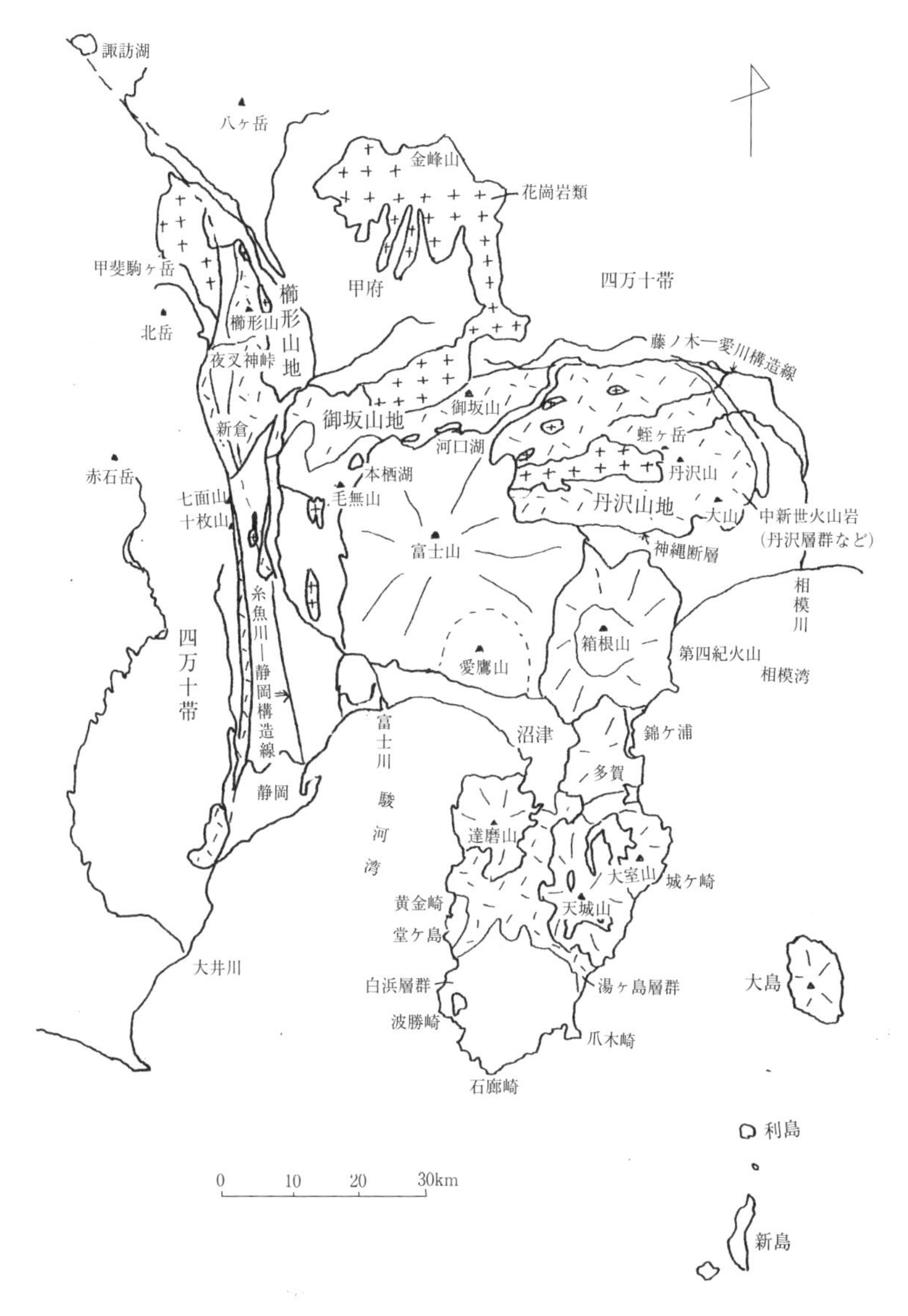

図 11　南部フォッサマグナの地質の概略

相模川に沿う藤ノ木―愛川構造線である。二回目の衝突は丹沢山塊への伊豆山塊の衝突で、一〇〇万年前に起こった。丹沢山地との境は伊豆半島の北方にある足柄山地の北の神縄断層である。

神縄断層は西の方に延びて駿河トラフ、さらに南海トラフにつながり、東の方は相模トラフにつながっている。この一連の断層がユーラシアプレートおよび北アメリカプレートとフィリピン海プレートの境界に相当する（**図9参照**）。

丹沢地域は新第三紀中新世（一五〇〇万年前）に、はるか南方の海底で噴出した溶岩や火砕物が堆積した厚い地層でできている。丹沢地域は南から関東山地に押しつけられ高い山となったと考えられるが、五〇〇万年前、丹沢石英閃緑岩が貫入した。この貫入も丹沢地域を隆起させた原因と考えられる。その時おしつぶされて丹沢山地の南側の地層は結晶片岩に変化した。

私たちも丹沢山地の火山岩や低度変成岩についてはいろいろ研究した。丹沢山地の火山物質を主とする地層は厚さ五〇〇〇メートルに近いので　低度変成作用により、緑色片岩相からぶどう石―パンペリー石相、沸石相の低度変成岩になっている。石英閃緑岩のまわりは角閃岩相の岩石やホルンフェルスになっている（**巻末付表2参照**）。

いわゆる丹沢の深成岩の形成問題の研究は最近大きく進歩した。丹沢深成岩体は島弧地殻下部（角閃岩質）の部分溶融により生成され、石英閃緑岩として貫入したものとされている（藤岡・平田編著、二〇一四）。

丹沢山地では、塔ノ岳（一四九一m）、丹沢山（一五六七m）、蛭ヶ岳（一六七三m）の山々が連なり、東南

写真15　櫛形山地から富士山を遠望

の端には山岳信仰で知られる大山（おおやま）「雨降山」（一二五二m）がある。これらの山はおもに新第三紀中新世の緑黒色に変質した玄武岩、安山岩でできている。

丹沢山地には、仲間と何年も通った。おもに東側から沢をつめ、最後にガレ場を登り、尾根に達した。北側の山腹には異常なガレ場があって、所によっては石が浮いていた。一九二四年の関東大震災の余震の傷跡とのことだ。丹沢山地の山々はそれほど高くはないが、ブナ林が残り、丹沢大山国定公園になっている。雪も降らず、東京圏に近いので、年中登山者でにぎわっている。猿や猪や鹿にはよく出会ったが、仲間の一人がマムシを生け捕りにして持って帰ったら、宿の人に大変喜ばれたということもあった。マムシは丹沢ではめずらしい生き物のようだ。

丹沢山地の西は御坂山地、さらに西方は富士川地域である。富士川地域の西縁は糸静線である。御坂山地、富士川地域の櫛形山地の岩石は丹沢地域と同様な中新

写真16　甲斐駒花崗岩中の破砕帯（糸静線）
山梨県北杜市国界橋付近

世中期の変質した玄武岩ないし安山岩と泥岩である。

御坂山地では北東―南西方向に尾根が延びているが、その中に御坂山（一五九六m）、黒岳（一七九三m）などがある。山としては特別すぐれた所ではないが、山頂からの眺めは良い。御坂山地の東端にある三つ峠は富士山がよく眺められる所として知られている。

御坂山地は南に延び、天守山地となる。そこには、毛無山（一九六四m）、雨ヶ岳（一七七二m）などの急峻な山がある。

富士川の西側の山地はほぼ南北に延びている。北の櫛形山地には、高い櫛形山（二〇五二m）や御殿山（一六七〇m）がある。

富士山は五合目までは行ったが、いつでも登れると思い、ついに登らなかった。御坂山地や櫛形山地の山の上から、富士の山容を眺め、堪能した（**写真15**）。

写真17　四万十帯の瀬戸川層群中の糸静線近傍の撓曲帯
山梨県南アルプス市夜叉神峠

糸静線は諏訪湖の南東方では北西—南東方向で、西傾斜の横ずれ断層で、釜無川に平行している。一九八二年の台風による集中豪雨で国界橋付近の釜無川の川床が削り取られ、甲斐駒花崗岩の中の破砕された断層帯（糸静線）があらわれ、グランドキャニオンとよばれて評判になった。糸静線が見られるというので、確かめに行ったことがある（**写真16**）。

糸静線は東南方の白須付近で、南北方向となり、早川に平行している。南アルプススーパー林道に通ずる夜叉神峠付近では幅広い撓曲帯が見られる（**写真17**）。さらに南方の早川町新倉では、西側の四万十帯の頁岩と東側の新第三紀の火山岩が約四五度の西傾斜で直接接し、逆断層となっている（**写真18**）。断層である糸静線が最もよく見えるのはこの大露頭だと思われる。

身延山（一一五三ｍ）の南西の七面山（一九八九ｍ）は峻険で奇妙な山の形を示しているが、これは糸静

写真18　櫛形山層群に瀬戸川層群が衝上する糸静線の露頭。山梨県早川町新倉
左（上盤側）は瀬戸川層群、右（下盤側）は中新世櫛形山層群の火山砕屑岩

線の近傍の破砕された姿である。静岡・山梨県境の十枚山（一七二六m）付近で二つの断層に分かれ、安倍川に平行して南下している。

北部フォッサマグナ――東縁はどこか？

北部フォッサマグナの範囲をめぐっては、近年いろいろな考えがでている。西縁が糸魚川―静岡構造線であることは自明だが、東縁は東北日本の新第三紀層の堆積盆地との関係もあって決めにくい。

中生代の東日本と西日本の境界にあたる三面―棚倉構造線と飯豊山地の西縁の新発田―小出構造線の間はグリーンタフのよくでている津川―会津区とよばれる地質区である。この地質区の西側は新潟油田地域で、北は胎内から新潟を通り、長岡、松之山をへて長野付近まで続いている。この油田地域でのボーリング資料によると深度五〇〇〇メートル近くに中新世中期のグリーンタフがでていて、沈降が著しかったことを示している。グリーンタフの中の南長岡ガス田は日本一のガス田である。

一方、新発田―小出線の延長方向に津南―松本線（小坂、一九八五）があるが、ほぼ信濃川地震帯に相当する。この線の南の津南地域では、中新世中期のグリーンタフが地表にでている。すなわち、津南―松本線に沿うように、その南側に隆起帯があって、しかも四〇〇〇万年前ごろの石英閃緑岩が、松本、上田、須坂、志賀高原、秋山郷でグリーンタフを貫いている（図12）。その東の端が谷川連峰で、標高二〇

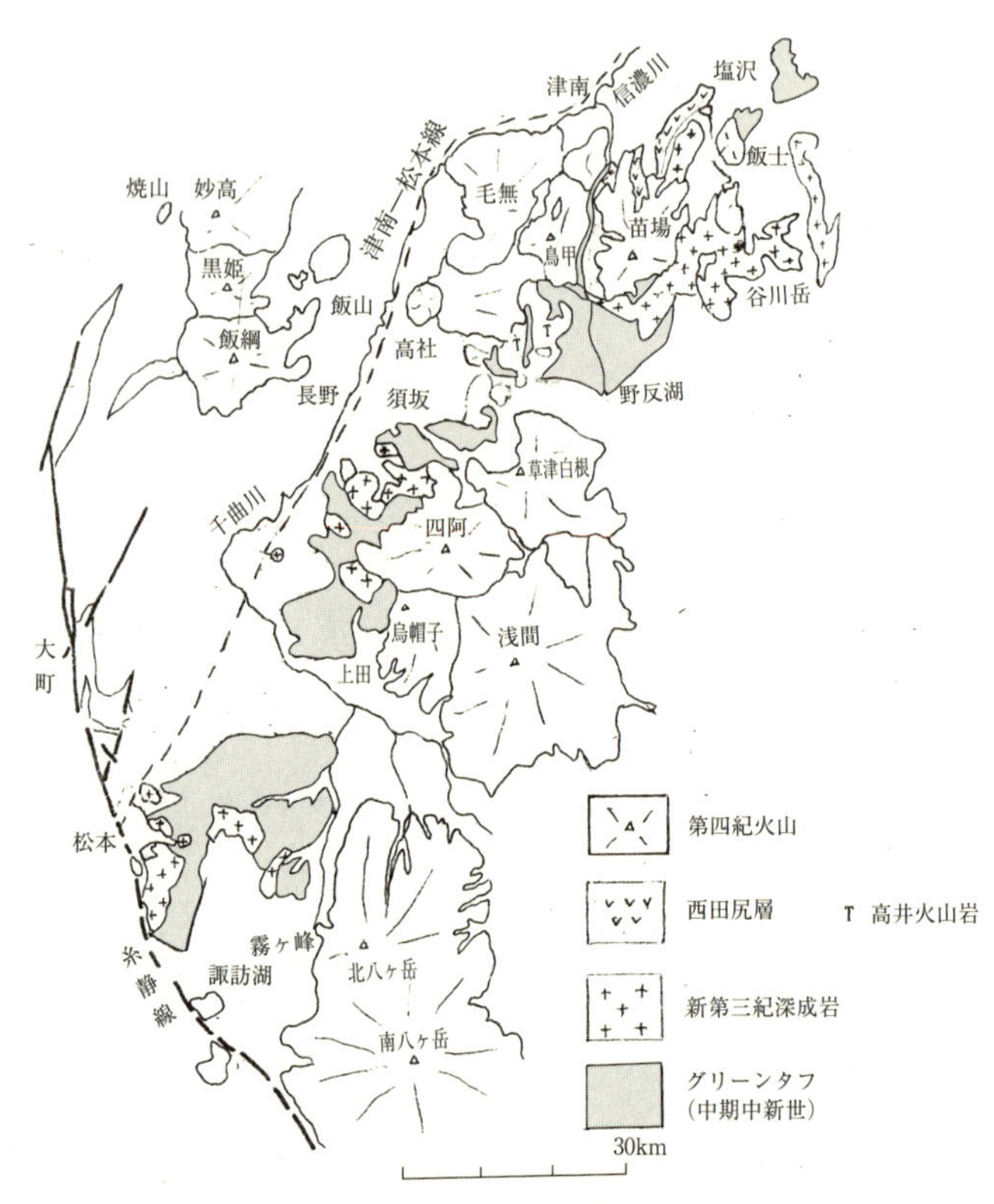

図12　北部フォッサマグナのグリーンタフ、新第三紀花崗岩類、火山の分布

〇〇メートル前後の山をつくっている。

東日本のグリータフ地域で、これほど多く、大きな花崗岩質岩の岩体がでているのはこの地域だけである。おそらく、南部フォッサマグナの丹沢、甲府の花崗岩類と関係があって、フィリピン海プレートの沈み込みに関連するものと思われる。

このような事実を考えると、北部フォッサマグナの東縁は柏崎―銚子線と八王子線を結んだあたりと考えられる（図13）。柏崎―銚子線は古くから想定されてきた構造線であるが、越後三山地域では、八海山の山頂に新第三紀中新世最下部の城内層の礫岩がでている（高低差一〇〇〇メートル）ことから、この構造線の東側が著しく隆起していることを示している。

柏崎―銚子線の西側の油田地帯の地質も東側とは異なっており、中新世中期～後期の堆積岩は難波山相とよばれている（赤羽、一九七五）。この相を示す堆積岩は上越地方から西頸城、さらに長野県小谷地方にかけて分布している。

紫雲谷層、飛山層とよばれる地層で、堅いフリッシュ型（リズミカルな）の砂岩・泥岩互層で、混濁流（スランプ）堆積物である。深海ないし半深海の海底扇状地の堆積物で、厚さ三〇〇〇メートルに近く、隆起しはじめた後背地の飛騨山地側から供給されたものである（立石ほか、一九九七）。難波山相の東縁は柏崎付近である。難波山相の地層の中にある油ガス田は大潟の頸城油ガス田である。

糸魚川に近い新潟県の西頸城地域などは隆起地帯で、鮮新世～更新世の安山岩のつくる、標高二〇〇〇メートルに近い雨飾山（一九六三m）や長野県の戸隠山（一九〇四m）がそびえている。

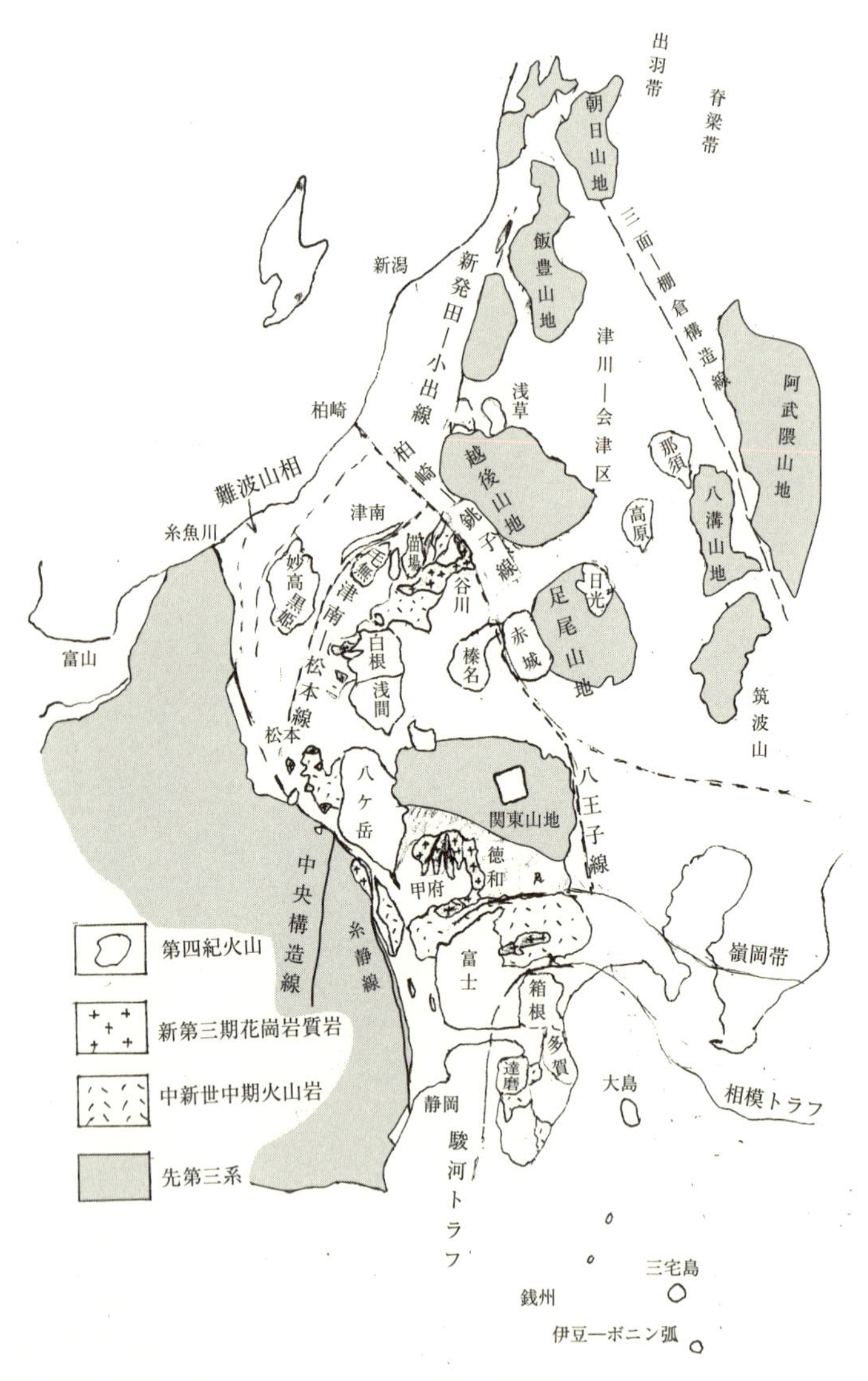

図13　東北日本におけるフォッサマグナの構造的位置

戸隠連山は鮮新世の戸隠火山岩のつくる険峻な山で、最高峰は高妻山（二三五三ｍ）である。戸隠には戸隠神社の中社、戸隠山には奥社があり、修験者の登った信仰の山である。戸隠山は最近、妙高戸隠連山国立公園として上信越高原国立公園から独立した。鮮新世の海底火山活動により形成された安山岩を主とする姿のよい米山（九九三ｍ）も古くから愛されてきた山である。

新第三紀層の基盤山地（八溝、足尾、飯豊、越後、関東山地）

三面―棚倉構造線と糸静線の間には、八溝山地、足尾山地、飯豊山地、越後山地、関東山地など、新第三紀層の基盤となっている中生層、古生層、花崗岩がでている、いわゆる基盤山地である。これは西南日本の続きで、八溝山地には中・古生層が分布し、最南端には笠間の稲田石（花崗岩）や筑波山（八七七ｍ）の花崗岩が分布している。

筑波山は関東平野の東部に位置するが、山頂部に斑れい岩があるため風化を免れ、高い山として残った。山頂には男体山と女体山がある。斑れい岩の中には角閃片岩が取り込まれている。筑波山は、関東平野のへりに屹立しているため、広い範囲から眺められ、「百名山」に入っている。

足尾山地には西南日本の丹波―美濃帯にあたる足尾帯（ジュラ紀の付加体）が分布し、白亜紀の足尾花崗岩に貫入されている。飯豊山地は新潟・山形・福島県にまたがる花崗岩の山地である。

写真19 八海山の遠望

新潟県南部の越後山地も基盤山地である。八海山連峰（**写真19**）は、北北西—南南東に延び、北東から池ノ峰（一二九六m）、薬師岳（一六四五m）、大日岳（一七七〇m）、入道岳（一七七八m）、五龍岳（一五九〇m）と連なる。現在は八海山ロープウェーがあるので、尾根までは容易に達することができる。しかしゴツゴツした尾根で、鎖場が多く難所である。ロープウェー乗り場から大日岳付近までは新第三紀中新世の八海山礫岩層の礫岩、砂岩である。

それより東は水無川変成岩（ペルム紀？）で、それを貫く中ノ岳斑れい岩がでている。入道岳、五龍岳も斑れい岩で丸い尾根となっている。中ノ岳の北方にある魚沼駒ヶ岳は水無川変成岩でできている。

このように山をつくる礫岩、片岩、斑れい岩の岩質や産状の違いが山の形（山容）にあらわれている。八海山（一七七八m）、中ノ岳（二〇八五m）、魚沼駒ヶ岳（二〇〇三m）は越後三山とよばれている。

関東山地には、南から北へ、南アルプスにでている四万十帯、秩父帯（ジュラ紀の付加体）、三波川帯の結晶片岩の順に、東西方向に配列して分布している。秩父帯の中に山中地溝帯がある。これらの各帯の配列方向は糸静線を境にしてほぼ南北から東西にほぼ直角に変わったことになるが、屈曲部は新しい火山岩に覆われて明らかでない。

関東山地は秩父の両神山（一七二三m）や、甲斐、武蔵、信州の境界にあたり、信濃川、荒川の源流のある甲武信岳（二四七五m）がある。両神山は秩父帯の地層で、甲武信岳はそれに一二〇〇万年前ごろに貫入した甲府花崗岩でできている。甲武信岳の西南方にある金峰山（二五九九m）、瑞牆山（二二三〇m）は甲府花崗岩の中の広瀬型の花崗閃緑岩で、金峰山頂上近くに五丈石という節理の発達した大きな露岩が立っていてご神体になっている。

瑞牆山の山頂には風化浸食を免れた岩が突出し、大小のタワー（塔状岩体）の奇観をつくっている。

中部地方の火山

中部地方は東北日本に劣らない火山の多い地域である。那須火山帯の西の端が富士火山帯の延長と交差する所でもあり単純ではない。

那須火山帯の火山の形成のもとになっている太平洋プレートは北北東方向の日本海溝に沈み込んでいるが、火山の配列は海溝軸と平行である。相模トラフと交差する所から南では、ほぼ南北方向の伊豆—小笠原海溝に沈み込んでいて、富士火山帯となっている。

ところが、ほぼ南北方向に延びる那須火山帯は、高原（たかはら）火山のあたりから、北東東に向きを変えている。そして高原火山の西の中部地方では火山が密集している。このことはすでに、五六年前、河野義礼・八木健三・青木謙一郎（一九六二）によって指摘され、東北地方の那須火山帯を北帯、高原火山以西の火山帯を南帯と区分された。

『関東・甲信越の火山Ⅰ』では、中部地方の火山の分布を三列に分けている（図14）。南の列（1）は高原、日光火山群、皇海（すかい）、赤城、子持、小野子、榛名、鼻曲（はなまがり）、浅間（あさま）、烏帽子の火山である。その北の列

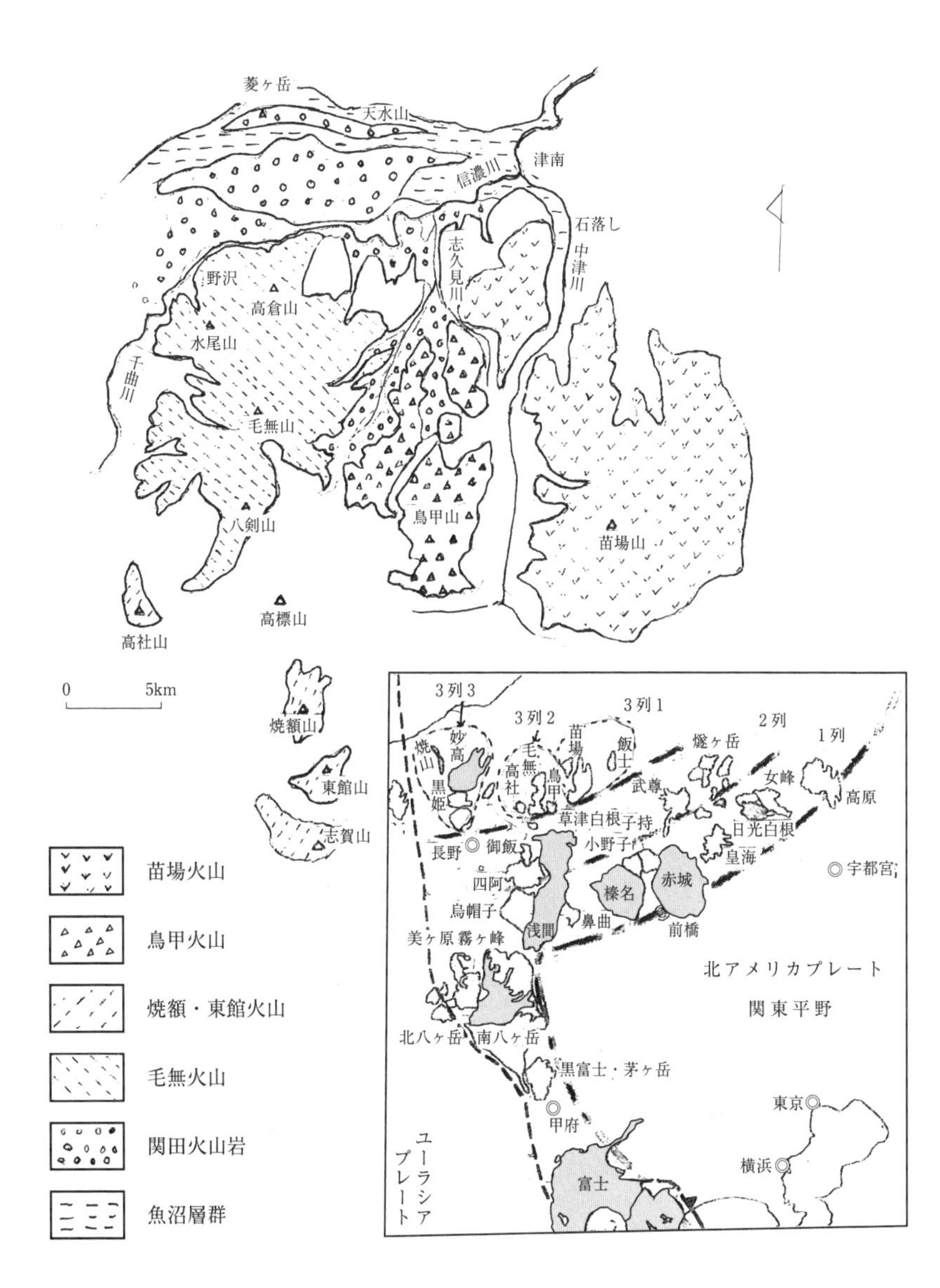

図 14　奥信越の火山および関東甲信越の第四紀火山の分布
（右下の囲み内は、高橋・小林、1998 を改変）

（2）は尾瀬燧ヶ岳、武尊、草津白根、御飯、四阿火山である。最も北側の列（3）は飯士、苗場、鳥甲、毛無、高社火山および飯縄、黒姫、妙高、新潟焼山火山である（図15参照）。第三の列（3）にはかつて上信火山帯とよばれていた火山群が含まれる。左端の妙高などは年代、火山の性格など右側とは異なっている。

第一列の火山——フロント側の火山

第一の列の高原火山は、その北西側が基盤の足尾帯のつくる地形のため、南東側に裾野がある成層火山である。北部では塩原湖成層の上に火砕流が流出して、カルデラが形成された。その上に、いわゆる塩原火山（前黒火山）を形成した。南部では円錐形の釈迦ヶ岳火山を形成した。早期はソレアイト系列の玄武岩、中期にはソレアイト系列とカルクアルカリ系列の輝石安山岩、後期にはカルクアルカリ系列のデイサイトが噴出した。前黒山は一六七八メートル、釈迦ヶ岳は一七九五メートルである。

日光火山群は、中禅寺湖の北東の男体山（二四八六m）と女峰山（二四八三m）、赤薙山（二〇一〇m）の安山岩の成層火山と戦場ヶ原の北にある太郎山（二三六八m）、小真名子山（二三二三m）の安山岩の溶岩ドームが主で、その他に日光白根山（二五七八m）などの安山岩の溶岩ドームがある。

男体山は一万二〇〇〇年前に最後の噴火をした輝石安山岩の円錐形の成層火山であったが、爆発的噴

写真20 榛名湖と榛名富士

火で崩壊し、その火砕流堆積物が戦場ヶ原の山麓平坦地をつくり、溶岩流が谷をせき止め中禅寺湖と華厳の滝の景観をつくった。

日光白根火山は、安山岩の小型成層火山で、一八八九〜一八九〇（明治二十二〜二十三）年にも噴火した。高山植物の宝庫でシラネアオイの群落がある。日光火山群の西南方に浸食の進んだ輝石安山岩の皇海(すかい)火山（二一四四m）がある。

赤城火山は上越新幹線からよく眺められる、南方に広い裾野をもつ成層火山である。足尾帯の中生層の上に噴出した。二二万年前から数回にわたり、デイサイトや玄武岩や両輝石安山岩の溶岩流を多量に噴出したが比較的穏やかな活動で、成層火山ができた。その後、浸食が始まり、山体が崩壊した。二万数千年前、爆発的噴火で、角閃石輝石安山岩の火砕流を噴出し、山頂部に南北四キロメートル、東西二キロメートルの小型のカルデラができ、水をためはじめた。その後、カル

写真21　浅間山と鬼押出し

デラ内に地蔵岳（一六七四m）、小沼火山などのデイサイトの溶岩ドームができ、カルデラが三分されたが、大沼が残った。

榛名火山は高崎の西北にある成層火山で、約四〇万年前、輝石安山岩と角閃石輝石安山岩と多量のデイサイトの火山灰、火砕物、溶岩を噴出し、最初の成層火山をつくった。長い休止期をへて、約四万年前、多量の火砕流、軽石流を噴出し、氷室山付近にカルデラができた。その後、山頂部に南北二キロメートル、東西三キロメートルの小カルデラができた。外輪山の壁の最高峰は掃部ヶ岳（一四四九m）である。カルデラの中に角閃石安山岩の溶岩ドームの榛名富士（**写真20**）と蛇ヶ岳と榛名湖ができ、東斜面には二ッ岳や相馬山の溶岩ドームもできた。榛名湖まで行ってみたが素晴らしい眺めであった。

その後二ッ岳の軽石噴火などが激しくなり、古墳時代にも噴火が続いていたことが、火山灰や軽石流の資料で明らかにされている。

二〇一二（平成二十四）年十一月、渋川市の金井東裏遺跡で「甲を着た古墳人」ほか三人が二ッ岳の火山灰に埋もれて発見され、日本のポンペイと評判になった。

浅間火山は、群馬・長野県境に位置している。単一の火山でなく、古い方から、約五万〜二万年前の黒斑火山（二四〇四ｍ）、仏岩火山、約五〇〇〇年前の前掛火山（二五六八ｍ）の三つの成層火山が重なっているもので、浅間山といわれているものは前掛山である（**写真21**）。

前掛火山は歴史時代に何度も大きな噴火をくりかえしたが、最後の天明三（一七八三）年の大噴火で、鎌原火砕流が北方に流れ下り、群馬県側の鎌原に大きな災害をもたらした。その後、鬼押出し溶岩流を流しだした。

私は見学旅行で、鬼押出し溶岩と鎌原の火山災害の跡を見る機会があった。

第二列の火山

第二の列の武尊火山は輝石安山岩と無斑晶質安山岩が主体である。尾瀬燧ヶ岳（二三五六ｍ）は尾瀬沼の北にそびえている、角閃石とかんらん石を含む安山岩とデイサイトの成層火山である。

草津白根火山は群馬県の北端にあって、北から白根山（二一六〇ｍ）、逢ノ峰（二一一〇ｍ）、本白根山

（二一七一m）の三つの輝石安山岩の火砕丘が南北に並んでいる。本白根火砕丘は水釜、湯釜、涸釜の三つの爆裂火口をもち、白色変質土に覆われている。殺生河原、西の河原、草津温泉など、硫気変質の激しい火山で、激しく変質した白い岩肌も景観の特徴の一つである。二〇一八年一月二三日、本白根山の鏡池付近で水蒸気噴火が起こった。噴煙を上げるとともに火砕サージ（火山岩片や火山灰を含んだ高温のガスが横なぐりの砂嵐や吹雪のように吹きぬける）を発生し、死者、負傷者を出した。

第三の列の火山については後述する。

妙義山は上毛三山の一つになっているが、赤城火山、榛名火山と違い、第四紀の火山ではない。中新世ないし鮮新世の火山噴出物でできた山で、風化浸食により奇岩が林立する山容となった。養蚕用の蚕の卵の冷却に使用されていた風穴は「富岡製糸場と絹産業遺産群」として、世界文化遺産の構成要素の一つになった。

いわゆる富士火山帯

いわゆる富士火山帯は問題が多い。本来の富士火山帯は、富士山で代表されるように、南は伊豆諸島につながる火山で、太平洋プレートがやや急角度で伊豆―小笠原海溝に沈み込んで形成されているものと思われる。いわゆる那須火山帯ほど顕著ではないが二列の配列が認められる。

東側の列は、玄武岩の富士火山に始まり、輝石安山岩の箱根火山（神山　一四三八m）、伊豆半島の輝石安山岩の湯河原火山、玄武岩の多賀火山、輝石安山岩の宇佐見火山、東伊豆単成火山群（大室山など）、角閃石安山岩の天城火山（一四〇六m）などがある。

富士火山の活動は一〇万年前に始まった。箱根火山では、二五万年前ごろ、東伊豆の単成火山群と似た火山活動があったが、その後、六万年前にカルデラが形成された。

東側の列は、さらに伊豆大島、三宅島、御蔵島と続くが、これらは玄武岩の火山島である。そしてその背後に玄武岩の利島、流紋岩の神津島の火山がある。さらに南には八丈島、青ヶ島、明神礁、須美寿島、鳥島、西之島の火山島があるが、ほとんど玄武岩である。

西側の列は伊豆半島の輝石安山岩の天子、達磨、棚場などの火山であるが、一つの列とするかは問題がある。

富士火山帯の火山の一つの特徴は、那須火山帯の多くが安山岩であるのに対し、富士、多賀、伊豆大島、三宅島、利島、御蔵島は玄武岩であること、新島、式根島、神津島火山は流紋岩であるなど那須火山帯とは著しく異なっている。なお、新島の流紋岩は耐火、耐酸性にすぐれた石材、坑火石として採掘され、神津島の黒曜石は石器に用いられた。

一方、富士火山帯に含められてきた黒富士、茅ヶ岳、霧ヶ峰は角閃石安山岩、南八ヶ岳、北八ヶ岳は角閃石輝石安山岩と、富士山以南の火山とは大きく異なっている。黒富士火山は比較的規模の大きなデイサイトの火砕流と溶岩ドームである。茅ヶ岳は黒富士火山の上の安山岩の小型成層火山である。

中央構造線の屈曲部に居すわった感じの八ヶ岳火山群

八ヶ岳火山群の噴出物は南北六〇キロメートル、東西三五キロメートルという広い面積に分布している。八ヶ岳火山群は長い間に形成されたもので、古期（一二〇万〜八〇万年前）と新期（五〇万〜八八八年前）に分けられている。また夏沢峠を境にして、南八ヶ岳と北八ヶ岳に分けられている。全体として北八ヶ岳が古期で、南八ヶ岳が新期である。

北八ヶ岳では樹林帯が稜線近くまで続き、比較的なだらかな山が多い。それに対し南八ヶ岳は峰が鋭く険しい地形となっている。

南八ヶ岳には、南から編笠山（あみがさ）（二五二四m）、権現岳（ごんげん）（二七一五m）、赤岳（狭義の八ヶ岳）（二八九九m）、横岳（二八二九m）、硫黄岳（二七六〇m）が、北八ヶ岳には南から根石岳（ねいし）（二六〇三m）、天狗岳（てんぐ）（二六四六m）、丸山（二三三〇m）、茶臼山（二三八四m）、縞枯山（しまかれ）（二四〇三m）、北横岳（きたよこ）（二四八〇m）、蓼科山（たてしな）（二五三一m）がある。

北八ヶ岳は全体として角閃石輝石安山岩の溶岩および溶岩ドームで、南八ヶ岳は角閃石輝石安山岩およびかんらん石輝石安山岩の小型成層火山と溶岩ドームの集合である。八ヶ岳火山群は角閃石を含む安山岩が多いことなど、富士山以南の富士火山帯とは異質で、森吉火山に似ているという説もある。

蓼科山は北八ヶ岳の北端に位置する大型の角閃石輝石安山岩の溶岩丘である。縞枯山は針葉樹林帯の一部が帯状（縞状）に枯れる縞枯れ現象が顕著なのでつけられた名前である。

霧ヶ峰から美ヶ原（二〇三四m）にかけては台地状の地形で、火山岩の多くは一六〇万年前に噴出した板状節理のある角閃石輝石安山岩で、鉄平石とよばれている。霧ヶ峰の南の和田峠にはほぼ鉄平石と同じ時代に噴出した黒曜岩がでているが、この黒曜岩（黒曜石）は石器の材料として知られている。

信越国境の火山群――第三列の火山？

火山空白地域をへて信越国境にある飯縄、黒姫、妙高火山は、高橋・小林（一九九八）の第三列の火山である。飯縄、黒姫の火山は角閃石輝石安山岩の円錐形の成層火山である。

妙高火山は四つの形成時期に分けられている。最初の活動は三〇万年前で、現在の火山体は四万年前から噴出したものだ。妙高火山は中央火口丘の頂上を取り巻くように外輪山があって、遠くから眺めると山の字のように見える。角閃石安山岩を主とする火山である。新井側に広く火山砕屑物を流し、妙高高原をつくっている。

現在も噴煙をあげているのは新潟焼山で、角閃石輝石安山岩の円頂丘が崩れた山である。

糸静線の西の北アルプス地帯には、従来、乗鞍火山帯とよばれてきた角閃石安山岩の立山（弥陀ヶ原、五色原）、鷲羽、乗鞍、焼岳の火山および角閃石輝石安山岩の御嶽火山からなる火山帯がある。第四紀に隆起した飛騨山地に噴出した火山である。北海道の十勝(とかち)火山群と共通性があるようにみえるが、プレートの沈み込みとはどのような関係があるのだろうか。角閃石輝石安山岩の白馬大池火山や妙高火山なども同じグループの可能性はないだろうか。

中部地方の活火山は、尾瀬燧ヶ岳、高原(たかはら)山、日光白根山、赤城山、榛名山、草津白根山、浅間山と妙高山、新潟焼山、弥陀ヶ原、焼岳、乗鞍岳、御嶽山の火山である。

中部地方の火山の謎

中部地方の火山は、一般に東北地方の那須火山帯と鳥海火山帯の西方延長のようにとらえられている。しかし、先に述べたように、火山帯の方向が変化すること、火山の分布密度が大きいことなどが大きく異なっている。そのことを議論するには、岩石の地球化学的研究の紹介が必要であるが、ここでは、各火山の噴出年代（図7参照）と岩石構成（玄武岩、輝石安山岩、角閃石輝石安山岩、角閃石安山岩、デイサイトなど）（図15）だけで考えてみることにする。

なお、火山岩は斑点状の結晶（斑晶）と細かい結晶やガラスの集合の石基でできている。おもな斑晶は、玄武岩はかんらん石、普通輝石、安山岩は普通輝石、しそ輝石および角閃石、デイサイトは角閃石、流紋岩は黒雲母である。

東北地方

青麻火山列

火山	岩石構成	
むつ燧岳	Ap(TH)、Aph(CA)	
恐山	Aph(CA)-D	活
七時雨山	Ap、Aph(CA)	
青麻山	B、Aph(CA)-D	

脊梁火山列

火山	岩石構成	
八甲田山	B、Ap(TH)-D	活
十和田	Ap(TH)-D	活
八幡平	B、Ap(TH)、Aph(CA)-D	活
秋田焼山	Ap(CA)	活
岩手山	B、Ap(TH)、Ap(CA)	活
秋田駒ヶ岳	B、Ap(TH)	活
焼石岳	Ap(CA)	
栗駒山	Ap(TH<CA)	活
鬼首	D	
鳴子	D	活
船形山	B、Ap(TH)、Ap(CA)	
蔵王山	B、Ap(TH)、Aph(CA)-D	活
吾妻山	Ap(CA)	活
安達太良山	B、Ap(TH<CA)	活
磐梯山	Ap(CA)	活
猫魔ヶ岳	Ap(TH)-D	
那須岳	B、Ap(TH)、Ap(CA)	活

森吉火山列

火山	岩石構成	
岩木山	Aph(CA)	活
田代岳	Ap、Aph(CA)	
森吉山	Ap、Aph(CA)-D	
高松	Aph(CA)	
肘折	D	活
葉山	Ap(CA)-D	
白鷹山	Ap、Aph(CA)	
沼沢	Aph(CA)-D	活

鳥海火山列

火山	岩石構成	
鳥海山	B、Ap(CA)	活
寒風山	Ap、Aph(CA)	
月山	Ap、Aph(CA)-D	
目潟	B、Ap(CA)-D	

中部地方

1列

火山	岩石構成	
高原山	B、Ap(TH、CA)-D	活
男体山	Ap(TH、CA)-D	
日光白根山	Aph(CA)-D	活
皇海山	Ap(CA)	
赤城山	B、Ap(TH、CA)-D	活
子持山	Ap(TH、CA)	
小野子山	Ap(CA)	
榛名山	Ap(TH)-D、Ap(CA)	活
鼻曲山	Aph(CA)	
浅間山	Ap、Aph(CA)-D	活
烏帽子山	Ap(CA)-D	

2列

火山	岩石構成	
燧ヶ岳	Aph(CA)	活
武尊山	Ap(CA)-D	
草津白根山	Ap(CA)-D	活
御飯山	Ap(CA)	
四阿山	Ap(CA)	

3列1

火山	岩石構成	
守門岳	Ap、Aph(CA)	
浅草岳	Aph、B(TH、CA)	
飯士山	Aph(CA)-D	
苗場山	Ap(CA)	

3列2

火山	岩石構成	
鳥甲山	Ap、Aph(CA、TH)-D	
毛無山	Ap(CA、TH)	
高社山	Ap、Aph(CA)	
志賀山	Ap(CA)	
斑尾山	Ap、Aph(CA)	

3列3

火山	岩石構成	
飯縄山	Aph(CA)	
黒姫山	Ap、Aph(CA、TH)	
妙高山	B(TH)、Ap、Aph(CA)-D	活
新潟焼山	D	活

B：玄武岩、Ap：輝石安山岩、Aph：角閃石輝石安山岩、Ah：角閃石安山岩、D：デイサイト、TH：ソレアイト系列、CA：カルクアルカリ系列
活：活火山

図 15　東北地方の四つの火山列および中部地方の第四紀火山の岩石構成

東北日本のフロント側の脊梁火山列（那須火山帯）の火山岩は、青麻―恐山火山列を除くとソレアイト系列の輝石安山岩を主とし、玄武岩をともなっている。背弧側の森吉火山列の火山岩はカルクアルカリ系列の角閃石輝石安山岩が主である。鳥海火山列の火山岩は、高アルミナ玄武岩を含む鳥海山を除くと、カルクアルカリ系列の角閃石輝石安山岩である。鳥海火山列は、中部地方には延びていない。

ところが、中部地方では、フロント側にあたる高原、赤城などの火山は玄武岩をともない、一部にソレアイト系列の輝石安山岩を含むが、大部分はカルクアルカリ系列の角閃石輝石安山岩が主で、デイサイトをともない、東北地方の脊梁火山列（那須火山帯）とは異なっている。また、赤城、榛名火山には小さなカルデラがある。

その裏側（第二列）の尾瀬燧ヶ岳は角閃石輝石安山岩、武尊、草津白根、御飯、四阿火山は輝石安山岩であるが、すべてカルクアルカリ系列の岩石で、デイサイトをともなうものもある。

このような岩質の変化する境は、火山列がやや北西に向きを変える高原火山である。

さらに背弧側（三列目）の西側は後述する奥信越火山群であるが、輝石安山岩が多い。東北地方の森吉火山列の延長と思われるのが、浅草、守門、飯士、苗場で、輝石安山岩と角閃石安山岩で、カルクアルカリ系列である。浅草火山は玄武岩をともなっているが、年代的には不確かなところがある。

東北地方の那須火山帯の方向が高原火山あたりでやや北方に変化していることは、そこが太平洋の上にフィリピン海プレートがくさび状に沈み込んでいる地域の先端部にあたることが関係しているように思われる（**図16**）（長谷川ほか、二〇一〇、二〇一三）。

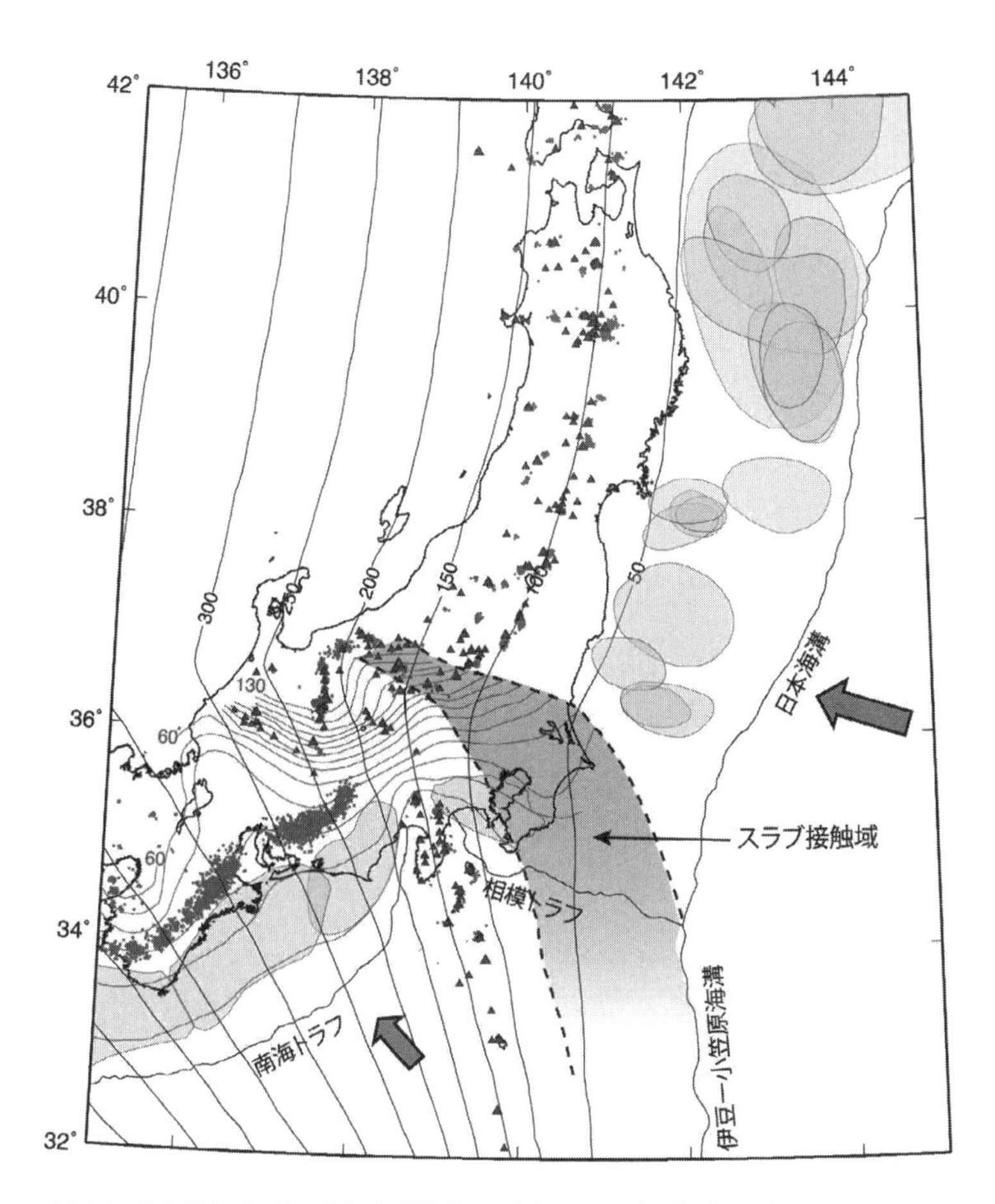

図16 日本列島下に沈み込む太平洋プレートとフィリピン海プレート
太平洋プレートとフィリピン海プレートの上面の深度。2本の破線で囲われたグレーの部分は2つのプレートの接触域（長谷川ほか、2013より）

そこでは太平洋プレートの前弧部分が冷やされた状態で沈み込み、太平洋プレートの上のマントルウェッジが加熱するのが妨げられた状態である。そのためプレートはより深い所でウェッジを融かすことになり、火山フロントが後退するのではと考えられる。すなわち、マグマ形成の場所が北の方にずれたのではないだろうか。

一方、それより古い飯士、苗場火山はフィリピン海プレートの影響がなかったので、太平洋プレートのみに支配された火山フロントで、森吉火山列に連なっていたのではと思われる。しかし、その後新しい火山フロントができ、全体として北に移動し、現在の三列の配置になったのではと考えられる（図15）。そして同時に、古い時代（一〇〇万年前ごろ）の奥信越の毛無山火山などが北方に移動させられたのかもしれない。

しかし、中部地方のフロント側にソレアイト系列の火山岩が少なく、カルクアルカリ系列の火山岩が主体であることが何によるかは明らかでない。ここまでの説明は図16を見て考えたことで、今後の課題である。

もう一つの問題は富士火山帯である。富士山や多賀、伊豆大島、三宅島の火山は玄武岩、箱根やその他の火山は輝石安山岩で、すべてソレアイト系列である。

北方では、富士火山と黒富士火山との間は火山空白地域で、黒富士、塩嶺（えんれい）火山は角閃石安山岩で、その北の八ヶ岳は角閃石輝石安山岩である。八ヶ岳の北の霧ヶ峰と飯綱、黒姫火山の間も火山空白地域であるが、黒姫火山も角閃石輝石安山岩である。その北の妙高、焼山は角閃石安山岩である。黒富士以北の火山は富士火山以南の火山と大きく異なっているので、富士火山帯から切りはなした方がよいと思われる。前述のように乗鞍火山帯に関係しているかもしれない。

古く、浸食の進んだ奥信越の火山群

地元の人は、信州の奥、越後の奥にある新潟県津南町と長野県栄村、野沢温泉村などの地方を奥信越とよんでいる。前述の中部地方の三列目の火山は奥信越地方に分布している。東から飯士、苗場、鳥甲、焼額(やけびたい)、毛無、高社などの火山である(図15)。

毛無火山については、金子隆之らによる研究報告(金子、一九八八、金子ほか、一九八九)などがあり、年代値も多く報告されている。毛無火山の北側には、火山岩を主とする魚沼層群(関田(せきた)火山岩類)が分布している。津南―松本線の北の関田山脈は一一〇〇メートル程度の山稜で、毛無山は一〇二二メートルである。関田火山岩層は内湾に噴出したものである。関田火山岩類と毛無火山の年代は一六〇万~一〇〇万年前で、ほぼ同年代である。おそらく、毛無火山は関田火山岩層と同源で、水底溶岩でなく、陸上火山の溶岩として噴出し、火山体をつくったものと考えられる。

この地域には、四〇万~二〇万年前の飯士、苗場、鳥帽子、高社火山がある。それらは高橋・小林(一九九八)の三列目とは異なり、森吉火山列の延長と思われる。

写真22 苗場山遠望。手前の集落は前倉。遠方の集落、大赤沢を流れる硫黄川のまわりにすり鉢状の地形が見える。新潟県津南町、長野県栄村

奥信越の火山は古いので、浸食が進み、原型を示すものがほとんどない。毛無山は、輝石安山岩の成層火山であったが、浸食され、現在は高原状で、スキー場や野沢温泉がある。高社山（一三五一m）は、もともとは輝石安山岩の円錐状の成層火山であったと思われるが、浸食が進み、やせ細って尖塔状になっていて、低いけれど木島平では目立っている。

四〇万年前に活動を始めた苗場山は、溶岩を四方に広く流したが、頂上は平坦で火口はわからない（**写真22**）。苗場山の平坦な山頂部には湿原があって、『日本百名山』にも取り上げられている。平坦な溶岩流で、表面が波打っているため、多くの地塘（ちとう）を生じたものと思われる。沼に土砂がたまり、水生植物が侵入する。高地で寒冷なため腐敗分解しないまま泥炭となって堆積を続け、沼が浅くなる。酸性で栄養の乏しい所でも生育するミズゴケは長い間に成長するが、池のミズゴケの遺体も泥炭となり、次第に

盛り上がり、高層湿原になる。

苗場山頂には標高二一四五メートル前後と二〇〇〇メートル前後の二段の湿原があって、南西に緩く傾斜している。面積は合わせて五・四平方キロメートル、池の数五〇〇、泥炭の厚さ一四〇センチメートルで、湿原の堆積物は厚くない。ミヤマホタルイが池に繁茂し苗代のような景観を示す（写真23a）。

苗場山の北側の小松原湿原には、一三五〇メートル、一五〇〇メートル、一六〇〇メートルの三段の湿原があって、面積は合わせて四・八平方キロメートルである。湿原はシラビソの林に囲まれている（写真23b）。

高層湿原は尾瀬ヶ原が代表であるが、大雪山の沼の平、南八甲田の湿原群、日光の戦場ヶ原などが知られる。

苗場山麓の中津川左岸には見事な輝石安山岩の苗場第二期溶岩のつくる柱状節理が一〇キロメートル以上にわたり露出している。厚さ五〇メートルに近く、末端部近くは雪解け時や地震のときにがらがらと音を出して崩れるので、石落としとよばれている（写真24a）。安山岩溶岩でこれほど見事な規模の大きな柱状節理はめずらしいが、一枚の溶岩かどうかは疑わしい。石落としの上流で尾根を越すめずらしい溶岩（写真24b）があるが、複雑に二つに分かれている。最下部にがさがさしたコークス状のクリンカーがないことを考えると、湖底を流れたのではないかと思われる。

上ノ原付近からは、中津川をへだてて、苗場山の対岸に屹立している八五万年前からの鳥甲火山が遠望される。鳥甲山は標高が谷川岳より高く、二〇三八メートルだが、規模は大きくなく、三〇〇〇メー

写真 23a　苗場山頂の湿原と地塘。右後方は鳥甲山

写真 23b　小松原の高層湿原

写真 24a　苗場第二期溶岩の柱状節理。津南町石落とし

写真 24b　尾根を越える苗場第二期溶岩。石落としの南方（関沢清勝氏撮影）

写真 25　鳥甲山。右方が赤倉山、赤倉山の左が鳥甲山頂、左方が白倉山

トルに近い山が多い中部地方では小さい方である。
デイサイトの火砕流（溶結凝灰岩も）のつくったカルデラの上に形成された輝石安山岩の成層火山であったが、その後、火山体本体が断層（地震断層か）によって南北に割られ、雪崩による浸食や滑落も加わり、火山らしからぬ険峻な岩壁となった。第二の谷川岳とよばれ（**写真25**）、串田孫一らが愛した山である。

私たち研究グループは、一九七二（昭和四十七）年ごろから、関田火山岩類、苗場山、鳥甲山や毛無山とその周辺の調査を進めてきた。いわゆる秋山郷とよばれる秘境の周辺である。山が険しいので、地質の空白地域の一つであった。

私は鳥甲山を毎日眺めていたが、ふんぎりがつかず、登るのを後まわしにしていた。一九八二（昭和五十七）年夏、思いきって仲間の一人と屋敷からブナ林を直登する六〇〇メートルのコースを登った。尾根にとりつき、酸化して赤くなった赤倉山をへて、山頂についたが、山頂は藪の中であった。

鈴木牧之は『秋山記行』で赤倉山の石鉾（いしほこ）とよんでいたが、土地の人は鳥の鶏冠（とさか）のようだから鳥甲山とよんでいたそうで、一九一二（大正元）年の地形図には烏甲山と書いてある。しかし鶏冠は一八四七年の善光寺地震のときに崩落してしまったようだ。

ある年の十一月初めの初雪の日、烏甲山の裏側の落ち葉で埋まった沢沿いの道で、足を踏みはずして転落し、肋骨を五本折ってしまった。これで山登りも最後かと思ったが、苗場山図幅（五万分の一地質図）の仕事が残っていたため、翌年、湯沢側から苗場山に登った。骨折で肺活量が半減していたので、苦しい登山であった。

一九八九（平成元）年夏、小松原湿原をへて霧ノ塔まで、数人で登ったが、それが一〇〇〇メートルより高い山に登った最後である。地質図幅を見るとよく歩いたと懐かしく思いだされる。

奥信越からはずれるが、越後湯沢のすぐ東に、火山のように見えない小さい飯士山（一一一一m）がある、二五万年前に噴出したデイサイトの火山で、南斜面は岩原スキー場のスロープである。

また、鮮新世末～更新世初めといわれている守門岳（一五三七m）と浅草岳（一五八五m）の火山が福島県只見に近い所にある。角閃石輝石安山岩を主とする火山で、山体は浸食されて原形は不明である。これら四つの火山は森吉火山列の火山ではないかと思われる。

新潟県の山

新潟県の西半分はフォッサマグナ地域に入るが、東半分は東北地方に似ている点もあるので、火山以外の山をここで紹介する。なお、朝日連峰は山形県にまたがり、飯豊連峰は山形、福島県にまたがっている。

飯豊、朝日連峰——東北アルプス

飯豊、朝日連峰は、足尾帯のチャートをはさむ粘板岩と、それを貫く白亜紀花崗岩が主体である。朝日連峰の三面川上流には、断層により片状におしつぶされた圧砕岩（マイロナイト）がでている。圧砕岩は山形県境に近い日本国(にほんこく)にもでていて、日本国片麻岩（圧砕岩）とよばれている。ここが三面—棚倉構造線の最北部である。

花崗岩を主とする飯豊、朝日連峰の山の尾根は丸みをおびているが、隆起量が大きいので、朝日連峰の三面側や飯豊連峰の新発田側の谷は深くえぐられている。飯豊連峰は二〇〇〇メートル前後の山々だが、多雪地帯のため石転び沢など雪渓がよく残っている。

一九六〇年代半ば（昭和四十年）ごろまでは飯豊・朝日山地はあまり調査がされていなかったのと、私の好きな手ごろな山だったので、調査のためそれぞれ三回登った。

一九六五（昭和四十）年八月末、私は友人と飯豊山荘を出て、北股岳（きたまた）を目指し、カイラギ沢に入り、石転び沢を登った。飯豊連峰唯一の越年雪渓を一度登ってみようと思ったからである。しかし、その年は暖かかったのか、雪も少なく、雪渓の中の石もゆるんでいた。先を歩いていた私は数十センチメートルの石を踏み落としてしまった。後ろをふりむくと友人が登ってくる。幸い石は友人からはずれたが、ひやっとした思いであった。カイラギ小屋に泊まり、翌日、湯の平（ゆのひら）小屋に下る予定であったが、天気が崩れ、視界ゼロに近く、ずぶ濡れになり飯豊山荘にたどりついた。目的を果たさなかったので、翌年、山都口から登り、縦走して玉川口に下りた。

飯豊、朝日連峰の山頂部は偽高山帯で樹木がなく、標高が低いわりには高い山の感じがするので、東北アルプスとよばれている（写真26）。偽高山帯の成因についてはいろいろな議論があったが、現在は次のように説明されている（小泉、一九九八）。

「東北日本の山地では、後氷期の多雪化により針葉樹林がいったん衰退したが、その後、四〇〇〇年ほど前に復活した。しかし、日本海側多雪山地では復活しきれず、高山帯に近くなってしまった」（要約）

写真26　朝日連峰。偽高山帯の山稜。南から望む以東岳

と。

標高が低いので、氷河地形はないが、飯豊連峰の二〇〇〇メートル近い山頂部には時に周氷河現象により生じた構造土が認められることがある。

飯豊連峰は南から、新潟、福島、山形県境の三国(みくに)岳（一六四四m）、飯豊山（二一〇五m）、御西(おにし)岳（二〇一三m）、北股岳（二〇二五m）、杁差(えぶりさし)岳（一六三六m）と続いている。縦走路からはずれた所に、最高峰の大日岳（二一二八m）がある。

ある夏、私は学生と三人で、飯豊連峰に登った。新潟からのアプローチがよく、登りがあまりきつくない福島県山都町（現・喜多方市）から三国岳、飯豊山に登った。山都町からのコースは会津参拝口として信仰登山でにぎわう安全な道である。

飯豊本山をやや下った登山道のわきの平地に条線砂礫がでていた。

主脈を縦走し、北股岳に達した。その後、距離の短い新発田側に出ることにした。尾根沿いは順調に下ったが、最後は標高差六〇〇メートルの急坂で、苦労して下りた。麓の湯の平温泉の露天風呂ですっかり汗を流したことを思いだす。

朝日連峰のおもな山は、南の大朝日岳（一八七一m）、西朝日岳（一八一四m）と、北のなだらかで大きな以東岳（一七七二m）である。以東岳の七合目にはきれいな大鳥池がある。

冬季積雪の多い朝日連峰の竜門山は非対称山稜となっている。積雪の少ない西斜面は緩傾斜地で、吹きだまりの東斜面は急傾斜である。しかし、西側でも三面川の上流の沢はきびしい（写真27）。

朝日連峰も私の好きな山だったので、三回登った。最初は一九六五（昭和四十）年ごろで、登山者の少ない静かな山であった。友人と鶴岡、上田沢を通り、大鳥池の小屋に泊まり、以東岳、竜門山、西朝日岳をへて大朝日岳まで縦走し、朝日鉱泉に下りた。二回目は大井沢中村から相模山を越えて三面までの横断コースで、二泊三日であった。

私たちの山登りは地質調査がおもな目的で、食料が減るかわりに岩石を採集するので、往きも帰りもあまり荷物の重さが変わらない。

三回目も、大井沢から三面のコースであった、私は尾根筋の登山道を下りたが、同行の二人は沢を下ると岩井又沢に入っていった。奥三面で待っていたが二人は予定の時間になっても戻らない。遭難したのではと心配していたら、へとへとになって帰ってきた。山歩きの強い友人も予想以上だったともらしていた。

写真 27a　夏の飯豊連峰の東斜面。石転び沢の先端。飯豊連峰の山も東斜面と西斜面では別の表情を見せる

写真 27b　夏の飯豊連峰の西斜面

谷川連峰――西の山稜に一四〇〇万年前の枕状溶岩が

新潟・群馬県境にそびえる谷川連峰の主体は鮮新世（約五〇〇万年前）の石英閃緑岩であるが、その中に変成岩や蛇紋岩が取り込まれている（図17、写真28）。谷川連峰の武能岳（ぶのう）―茂倉岳（しげくら）―一ノ倉岳―谷川岳を結ぶ南北方向の峰の西側斜面はなだらかである。東斜面の一ノ倉沢は大部分が石英閃緑岩だが急峻で、東西の山稜は非対称的である。

一ノ倉沢にはU字谷が発達している（写真29）。沢の最上部は蛇紋岩で、オーバーハングになっているので、岩登りの難しい沢として知られる。谷川岳（一九七七m）の頂上のトマノ耳には結晶片岩がでている。石英閃緑岩に取り込まれて小規模ではあるが結晶片岩や蛇紋岩がでていることは、もとは青海（おうみ）―蓮華帯（飛驒外縁帯の延長）の変成帯があったことを示している。

東西方向の主稜には新第三紀中新世の礫岩、泥岩、玄武岩、安山岩、デイサイトの溶岩や凝灰岩がでている。大障子（だいしょうじ）ノ頭には枕を積み重ねたような枕状溶岩や泥岩がでていて、海底に堆積したものであることを示している。

デイサイトの凝灰岩でできているゴツゴツした谷川連峰の最高峰、仙（せん）ノ倉（くら）山（二〇二六m）を過ぎ西に進むと、なだらかな平標（たいらっぴょう）山（一九八四m）に達する。平標山付近は風食され、平らになっている。三国（みくに）山から三国峠にかけては赤谷層（新潟の七谷層に相当）の泥岩がでていてなだらかである。谷川

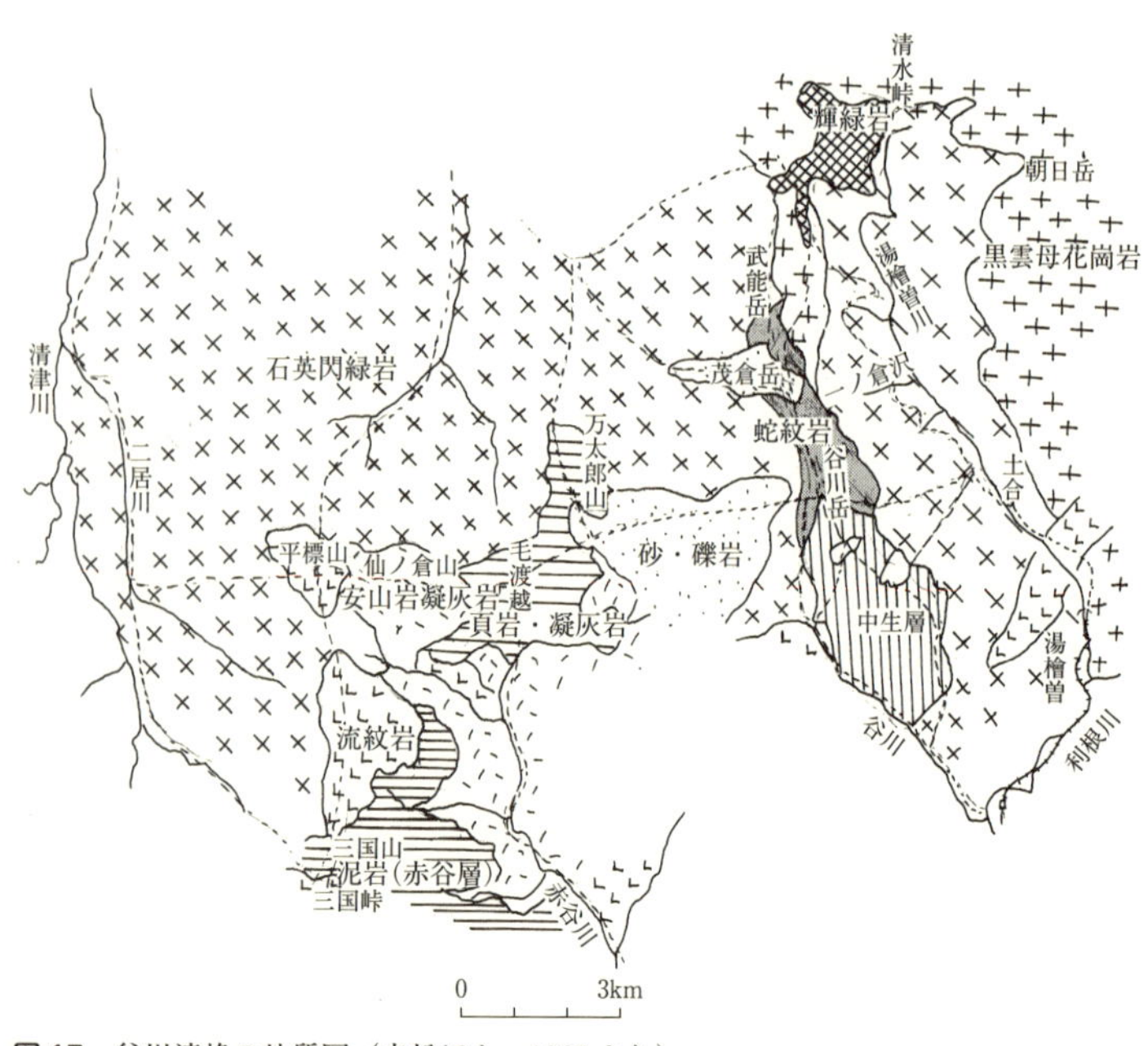

図 17　谷川連峰の地質図（赤松ほか、1967 より）

連峰の上に新潟油田と同じ泥岩層や枕状溶岩がでていることは、約一四〇〇万年の間（おそらく鮮新世以後）に隆起運動と石英閃緑岩の貫入により、二〇〇〇メートル近く持ち上げられたことを示している。

昔から登山家に有名な谷川岳の地質は、一九六五（昭和四十）年ごろまでは明らかでなかった。新潟（日本海側）と群馬（太平洋側）を境する谷川連峰を調査しようと思い立ち、一九六六（昭和四十一）年夏、学生諸君ら一〇数名ほどと、手分けして調査に入った。みんな、有名な谷川連峰ということで張りきっていた。私は仲間と一緒に、蓬（よもぎ）峠—茂倉岳—谷川岳のコースと谷川岳—万太郎山—仙ノ倉山—平標山—三国峠コースを調べた。その秋、南側の川古（かわふる）温泉—毛登の乗越—万太郎山—吾策新道—土樽の

写真 28a　谷川連峰の東斜面。頂部は蛇紋岩

写真 28b　対照的な西斜面。右前方は武能岳で、左前方が茂倉岳

写真 29　谷川岳。一ノ倉沢のU字谷

コースを調べた。

尾根道から一ノ倉沢をのぞきこんだこと、稜線で枕状溶岩を見つけたこと、平標山付近で風食地形を見たこと、川古温泉でおばさんたちとぬるい温泉につかったこと、吾策新道で霧の中に自分の影が投影されるブロッケン現象を見たことなどが印象に残っている。元気の良い学生諸君との集団調査で、未知の谷川連峰の地質を無事解明することができたことを誇りに思っている。

その他の地域

津川—会津区のグリーンタフの山は比較的斜面が緩やかであるが、流紋岩がでている所は突出している。津川の麒麟山はその例である。津川南方の御神楽岳（一三八六m）はその規模の大きいもので、グリーンタフ（津川層）の中に浸食の進んでいない流紋岩の大きな岩体がでている。その上は、雪崩がつくったつるつるとした滑らかな谷（アバランチシュート）と急峻な壁となっている。

新潟県上越地方の糸静線の東側は新しい時代に隆起した所で、雨飾山のように険しい山が多く、付近にはまた一〇〇万年前に貫入した閃緑ひん岩でできている急峻な山容を示す鉾ヶ岳（一三一六m）もある。

佐渡島には海抜高度一一七二メートルの新第三紀中新世前期の安山岩でできている金北山がそびえている。新潟平野の西北側の隆起地塊には、新第三紀中新世中期の七谷層の泥岩とそれを貫くドレライトからできている弥彦山（六三四m）がある。これらの山塊は、鮮新世後期以降、太平洋プレートの沈み込みで、水平方向に圧縮され、隆起したものと考えられている。このことは、佐渡の北東の日本海にある最上堆の上の鳥海礁の調査で明らかにされている。

北海道の山

北海道では支笏湖と恵庭岳、樽前山、洞爺湖と有珠山、昭和新山、倶多楽湖と登別、ニセコ火山群などおもに道南の火山や積丹半島や寿都を見学旅行などで訪ねた。奥尻島では三日ほど集団で調査した。肝心の中央部の山岳は日高山脈の南端近い楽古岳（一四七一m）に集団で登っただけである。知床半島は一部調査する機会があった。

北海道の山地の分布は、日高帯や夕張山地を境にして、大きく、北海道西部地方、中央部地方、東部地方に分けられる（図18）。中央部地方には石狩平野や天塩山地がある（図6参照）。

火山――カルデラが多く景観に恵まれている（図18）

北海道の火山はカルデラ湖が多いこともあって、すぐれた景観を示す所が多い。北海道は本州弧と千

図 18　北海道の第四紀火山の分布

島弧が交わる所で、地学的にいろいろ複雑な問題が多いので、まず、概観してみる。

　北海道の火山は太平洋プレートが日本海溝および千島・カムチャッカ海溝に沈み込んで形成されたと考えられる。日本海溝は襟裳(えりも)岬の南方で北東に向きを変え、千島・カムチャッカ海溝の一部になる。しかし、北海道の複雑な地質から考えると単なる方向転換とはいいきれない。

　東北日本の那須火山帯の延長の東縁は、青麻—恐山火山列のむつ燧岳の対岸の恵山(えさん)である。

　東北日本の火山で、幅二キロメートル以上のカルデラがあるのは本州北部の十和田火山（那須火山帯—脊梁火山列）だけである。それに対し、北海道の火山は、西部地方の洞爺カルデラ、支笏カルデラ、倶多楽カルデラと、東部地方の阿寒カルデラ、屈斜路カルデラなどで、規模が大きく、数も多い。

北海道の火山の噴火史は火山灰などでよく調べられているが、火山岩そのもののカリウム・アルゴン年代値は東北日本と比べると少なく、比較して考察できないので、年代論は行わない。西部地方には五〇万年前にさかのぼるものがあるが、中央部、東部地方の火山はそれより若い時代から活動しているようである。

◉西部地方——東北日本のグリーンタフ地域の延長（図19）

西部地方は東北日本のグリーンタフ地域の延長で、その上に那須火山帯の延長の火山がのっている。支笏カルデラと恵庭岳（一三二〇m）、樽前山（一〇四一m）、洞爺カルデラと中島、有珠火山群、昭和新山などや、倶多楽カルデラと登別火山、北海道駒ヶ岳（一一三一m）、羊蹄山（一八九八m）は脊梁火山列に、ニセコ火山群（七三一m）、濁川カルデラは森吉火山列、渡島（おしま）大島は鳥海火山列の延長かもしれない。より離れた北方に輝石安山岩の利尻山（一七二一m）の火山がある。しかし顕著なカルデラの存在は東北地方と異なっている。

西部地方のカルデラは、約一〇万年前に噴火を始め、四万年前に大量の火砕流を噴出して形成された。一万年前になると、成層火山の輝石安山岩の北海道駒ヶ岳、小さな恵山が噴出した。支笏カルデラの壁にはカルクアルカリ質の輝石安山岩の樽前山、恵庭岳、輝石安山岩の風不死岳（ふっぷしだけ）の成層火山ができた。

北海道の火山

西部地方			西部地方			東部地方		
支笏カルデラ			濁川カルデラ	Aph		阿寒カルデラ	B、Ap	
風不死岳	Ap(CA)		駒ヶ岳	Ap(CA)	活	雄阿寒岳	B、Ap	活
恵庭岳	Ap	活	恵山	Ap(CA)	活	雌阿寒岳	B、Ap	活
樽前山	Ap(CA)	活	雷電	Ah(CA)		屈斜路カルデラ	Ap	
倶多楽カルデラ		活	渡島大島	aB、Aph	活	アトサヌプリ	Ap-D	活
外輪山	B、Ap(TH)-D		渡島小島	Ah(CA)		摩周カルデラ	B、Ap(TH)	
登別	D		利尻山	aB、Ap	活	カムイヌプリ	Ap	
洞爺湖カルデラ								
外輪山	B、Ap(TH)		**中央部地方**			知床岳	Aph(CA)	
有珠山	Ap	活	然別	Aph(CA)		羅臼岳	Aph(CA)	活
中島	Aph		丸山	Ap、Aph	活	知床硫黄山	Aph(CA)	活
羊蹄山	Ap(CA)	活	十勝岳	Ap	活			
ニセコ	Ah(CA)、Ap		大雪山	Ap、Aph	活			

岩質の記号は図 15 に同じ　aB：アルカリ玄武岩

図 19　北海道の火山の岩石構成

樽前山の山頂部は小形のカルデラで、中央部には直径四五〇メートル、高さ一三〇メートルの溶岩ドームがある。支笏湖の水深は三六〇メートルで、我が国では第二位である。

洞爺カルデラの洞爺湖の中には角閃石輝石安山岩の溶岩ドームの集合の中島、カルデラの南には輝石安山岩の有珠火山ができ、その中に大有珠、小有珠、有珠新山ができた。それらはソレアイト質である。

さらに一九一〇（明治四十三）年に明治新山、一九四五（昭和二十）年には昭和新山が生まれた。一九七七〜七八年には、溶岩が地表に顔をださなかった潜在円頂丘ができた。洞爺湖は最大水深一八〇メートル、面積七一平方キロメートルのカルデラ湖である。

倶多楽カルデラは成層火山が陥没してできたカルデラで、西側に溶岩ドーム群の登別火山がある。

羊蹄火山は一〇万年前に噴火した輝石安山岩の成層火山で、姿が良く蝦夷富士ともよばれる。ニセコ火山群の最高峰ニセコアンヌプリ火山（一三〇八m）も一〇万年前に噴火した安山岩のドームである。濁川カルデラは一万年前にできた角閃石輝石安山岩、デイサイトの小型カルデラである。

北海道駒ヶ岳はとがった山と鞍のような形から駒ヶ岳と名づけられた輝石安山岩の成層火山である。三三万年前に噴出が始まった。一六四〇（寛永十七）年、本格的な噴火に先立って山体が崩壊し、火山泥流が噴火湾に流れ込んで、大津波が発生し、約七〇〇名が亡くなった。また折戸（おりと）川をせき止め大沼、小沼をつくった。その後も噴火をくりかえしたが、一九二九（昭和四）年、大規模なマグマ噴火を起こした。特異な山容と大沼、小沼を含めて著名な景勝地になっている。

恵山は四万年前ごろ噴出した輝石安山岩の溶岩台地で、約八〇〇〇年前、その上に溶岩ドームが形成された。西部地方の西側の列の火山（狩場（かりば）、雷電（らいでん）、渡島小島）は角閃石安山岩である。

渡島半島の西方にある渡島大島火山は、アルカリ玄武岩と角閃石安山岩の成層火山である。北海道の最北の利尻島の利尻火山はアルカリ玄武岩と輝石安山岩の成層火山である。

西部地方の活火山は、樽前山、恵庭岳、倶多楽、有珠山、羊蹄山、北海道駒ヶ岳、恵山、渡島大島および利尻山である。

◉山岳地帯の中央部地方（図19）

中央部地方は、山脈、山地が南北方向に走り、山岳地帯になっている。西から、北方の天塩山地、夕張山地、中央の日高山脈である（図6）。

大雪―十勝火山群は、隆起した日高帯や中新世の火山岩などの上に噴出した火山である（図20）。この火山群の下には、更新世後期に噴出した十勝溶結凝灰岩とよばれる流紋岩質の火砕流堆積物が広く分布している。

大雪―十勝火山群は、北北東―南南西方向に配列しているいくつかの火山群からなる。南側から、①然別（しかりべつ）、ニペソツ山、丸山、②富良野（ふらの）岳、十勝岳、美瑛（びえい）岳、トムラウシ山からなる十勝火山群、③五色岳、旭（あさひ）岳、白雲（はくうん）岳、赤岳、黒岳、ニセイカウシュッペ山からなる大雪火山群である。

然別は三万年前にできた角閃石輝石安山岩の成層火山、丸山（一六九二m）は輝石安山岩の溶岩ドームである。十勝火山群は富良野岳から北東東方向に延びている。五〇万年前、富良野岳（一九一二m）、十勝岳（二〇七七m）、美瑛岳（二〇五二m）、オプリシク山（二〇一五m）などの安山岩の成層火山ができた。約三万年前に輝石安山岩の十勝岳の頂上にデイサイトの溶岩ドーム（二〇七七m）ができた。約一万年前、美瑛岳（一八八八m）などができた。三五〇〇年前、角閃石輝石安山岩のトムラウシ火山（二一四一m）がグランド火口から溶岩、火砕流を噴出し、火口内に火砕丘ができた。十勝火山は、一九八八年にも噴火した。トムラウシ山の裾の五色ヶ原のお花畑は見事である。

大雪火山群は、標高一二〇〇メートル前後の基盤山地の上に噴出した火山群である。更新世初期に多量のデイサイトの火砕流を噴出した後、流動性の良い角閃石輝石安山岩溶岩を流出し、高松ヶ原などの広い高原をつくった。約三・八万年前、大規模な角閃石安山岩の火砕流を噴出し、御鉢平カルデラを形成した。その後、北鎮（ほくちん）岳（二二四四m）、黒岳、赤岳、白雲岳などの溶岩ドームを形成した（**写真30**）。約

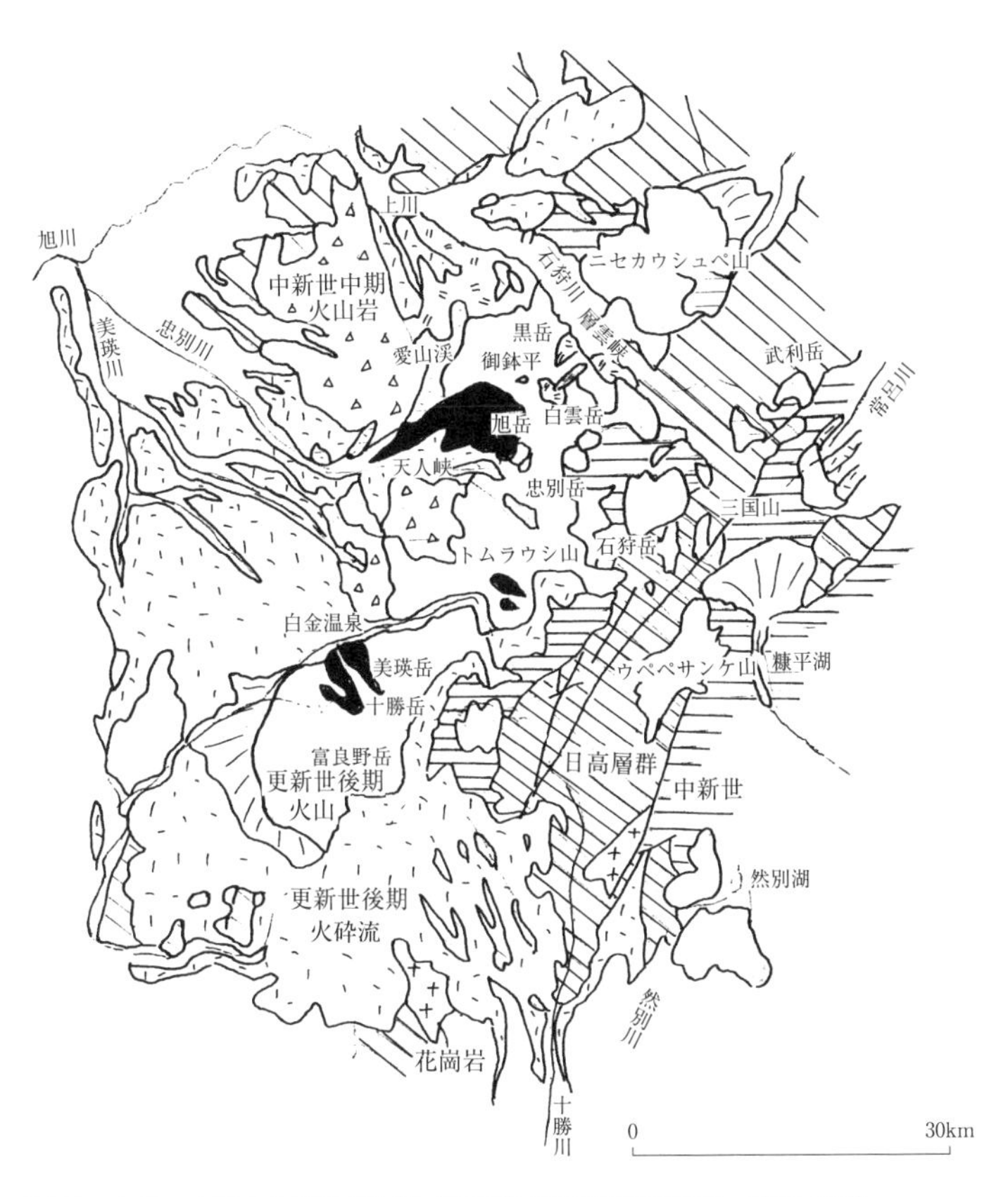

図 20 大雪―十勝火山地域の地質（北海道立地下資源調査所、1980 より）

一万年前、新規の安山岩の溶岩を流出し、北海道の最高峰、角閃石安山岩の成層火山の旭岳（二二九一m）を形成した。旭岳は約五六〇〇年前、山体の一部が崩壊し、現在の山容となった。現在も噴気活動が見られる。

大雪火山群は、夏でも雪が解けず、高さのわりには高山帯が広く、お花畑が展開し、魅力的である。山が低いので、氷河地形はないが、構造土がよく発達している（**写真8**）。十勝岳、大雪山、丸山は活火山である。

石狩川に沿う層雲峡、忠別（ちゅうべつ）川に沿う天人峡はデイサイトの溶結凝灰岩で、岩壁の高さが一〇〇～二〇〇メートルに達する景勝地である。三・三万年前に御鉢平カルデラから噴出した火砕流とされている。大雪、十勝火山群はなだらかで、二〇〇〇メートル前後の山が続くが、緯度の関係で、気象条件は本州の三〇〇〇メートル級の山々に匹敵する厳しい山岳環境である。森林限界は一〇〇〇メートルと低位高山帯である。

層雲峡と大雪火山の片鱗を見たいと思いたち、札幌まで出かけたおり、日帰りで、層雲峡まで行き、ケーブルカーで黒岳まで行き、遠望した。大雪火山群も層雲峡も雄大であった。

◉変化に富む東部地方（図19）

東部地方には、南部に、十勝平野、釧路平野、根釧（こんせん）台地があり、北部に北見盆地がある。その間に知床半島から南西に千島方向に延びるグリーンタフ地域がある。グリーンタフは北見地方まで広がってい

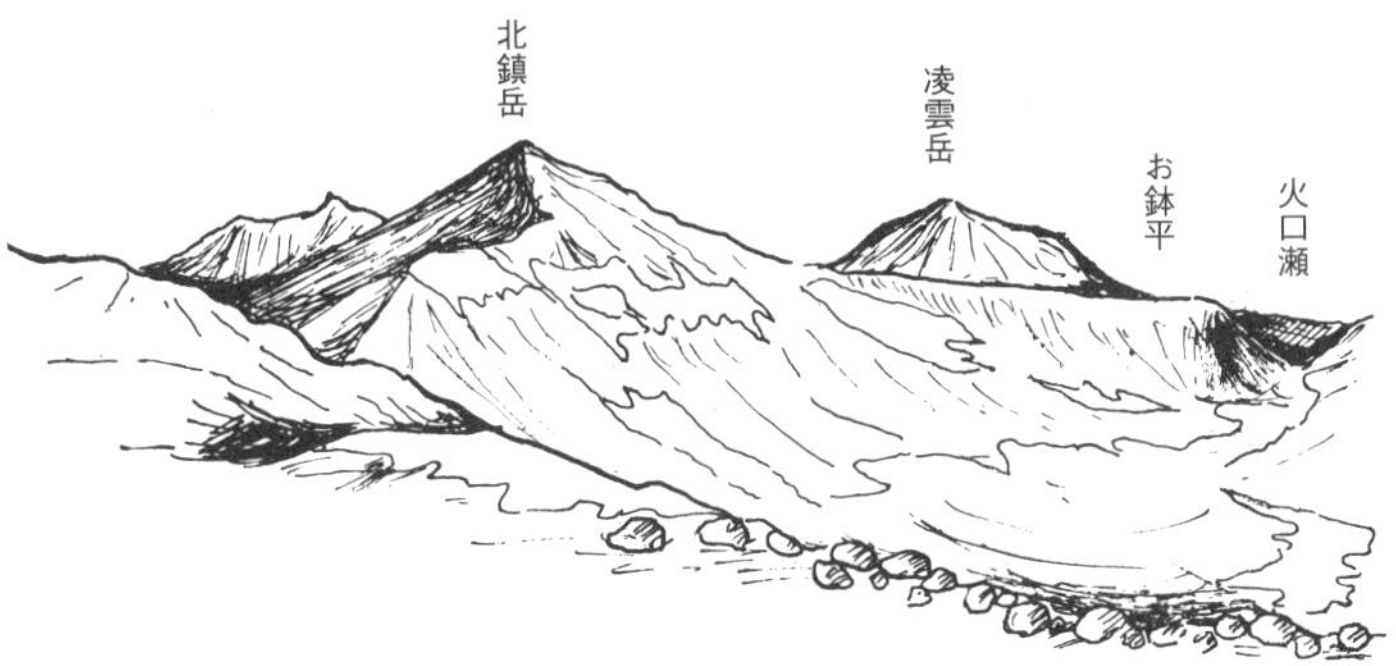

写真 30　大雪火山群（国府谷盛明、1961 より）

る。このグリーンタフの中には中新世中期〜後期（一二〇〇万年前ごろ）に形成された鴻之舞金山がある。千島火山帯の火山は、知床半島から阿寒火山まで約一五〇キロメートル続いている。

知床半島と平行に、千島列島の南端の国後島があり、数個の火山がある。知床半島には、東から知床岳（一二五四m）、知床硫黄山（一五六二m）、羅臼岳（一六六一m）など、角閃石輝石安山岩の成層火山がある。知床硫黄山はその中で最大で、一八五七（安政四）年以来、四回の活動が知られる。一九三五（昭和十）年の噴火で、大量の溶融硫黄の溶岩が流出し、有名になった。

東部地方には、知床半島の西の延長部に斜里岳、さらに屈斜路火山の屈斜路湖（カルデラ湖）と中島、東側の輝石安山岩のアトサヌプリ（五〇八m）などの溶岩ドーム群があり、その南東に小さな輝石安山岩の摩周カルデラとカムイヌプリ（八五七m）の成層火山がある。外輪山は玄武岩、安山岩の藻琴山などである。

阿寒火山は、阿寒湖（カルデラ湖）の東部にソレアイト質の玄武岩と輝石安山岩の成層火山、雄阿寒岳（一三七〇m）、西方に同様な玄武岩と輝石安山岩の雌阿寒岳（一四九九m）がある。

屈斜路カルデラは二〇×二六キロメートル、阿寒カルデラは二四×一三キロメートルで、大きなカルデラである。

阿寒火山は約三万年前にデイサイトの火砕流を南東に噴出したが、軽石流堆積物や溶結凝灰岩が広く分布している。その後、阿寒カルデラが形成された。約一万年前、まわりに雌阿寒岳、雄阿寒岳の成層火山ができた。この二つの火山をつくる火山岩がソレアイト質であるのが注目される。

水をたたえたカルデラ湖の阿寒湖、屈斜路湖、摩周湖および周辺の山々は北海道でも有数の景勝地である。阿寒湖はマリモでも有名である。

雌阿寒岳の西方に溶岩によって川がせき止められてできた美しいが普通の魚の棲めないコバルト色をしたオンネトー（弱酸性湖）がある。オンネトーの湯の滝は、非常にめずらしい二酸化マンガンの生成場所である。

東部地方の火山のうち、知床硫黄山、羅臼岳、雄阿寒岳、雌阿寒岳、アトサヌプリは活火山である。

◉北海道の三つの火山列

北海道の第四紀火山のうち、西部地方の火山はほぼ南北に配列し、東北日本の火山列の延長と思われる。それに対し、東部および中央部地方の火山は北北東―南南西の千島方向に並んでいる。国後島を含めて次の三列（①国後島、②知床半島の火山およびその西方延長のカルデラ群、③十勝、大雪火山群）である。しかし、西部、東部地方ともにカルデラが多いのが東北日本の火山との大きな違いである。

なお、西部の洞爺カルデラは直径一二キロメートル、支笏カルデラは直径四五〇メートルで、四角ないし円形に近いが、東部の阿寒カルデラは二四×一三キロメートル、屈斜路カルデラは二〇×二六キロメートルで、東西に延びている。また、阿寒、屈斜路カルデラの外輪山溶岩はソレアイト質の玄武岩〜安山岩である。

このような特徴をどう説明するかは明らかでないが、次の点は興味がある。

東部地方の火山の直下のスラブの深さは、知床火山列で一二〇キロメートル、中央部地方の十勝火山列で一五〇キロメートルである。東北日本の脊梁火山列の直下のスラブの深さが九〇キロメートルであるのと比べると深い。また、プレートが沈み込む海溝軸からの距離は小さい。すなわち、沈み込む傾斜は急である。

このことは、火山の下のスラブの上面が深いことで、スラブ上層の水の放出がより進んだ（マグマ発生も）かもしれない。また、東部、中央部地方の火山、とくに東西に延びた形のカルデラの配列は千島方向の東西性のテクトニクスと関係があるものと思われる。

日高山地

日高山地は山岳地帯で、氷河地形も残り、日高山脈襟裳国定公園に指定されている。北海道にはほかにも多くの国立・国定公園があるが、ほとんどが火山地帯である。

日高帯は、西帯と主帯に分けられている（図21）。西帯の岩石はオフィオライトが変成したもので、緑色片岩、角閃岩、変斑れい岩、かんらん岩から構成されている。オフィオライトは海洋地殻（一部マントル）をつくっていたかんらん岩、斑れい岩、玄武岩と海洋性堆積物の総称である。幌尻岳は北海道の背骨である日高帯の西縁に位置している。

主帯は変成岩、花崗岩、閃緑岩、斑れい岩および幌満の新鮮なかんらん岩で構成されている。変成岩はホルンフェルス、黒雲母片岩、黒雲母片麻岩、グラニュライトなどで、とくにグラニュライトは地下二五キロメートル、八〇〇度くらいの温度、すなわち高温高圧条件で変成されたものである。変成帯の延長方向はほぼ南北で、西帯と主帯の間、西帯と空知層群の間は、上盤側が緩い角度で下盤の変成岩の上にのし上げた大きな衝上断層で境いされている。

このような岩石の構成や構造から、日高帯の主帯は、北アメリカプレートの千島弧の南西端の下の変成したリソスフェア（上部マントル）が、約一三〇〇万年前に衝上したものと考えられている。そして、そのとき、約六〇キロメートルの深さの上部マントルを取り込んで地表まで運んできたのが幌満のアポイ岳の新鮮なかんらん岩とのことである。

幌尻岳（二〇五二ｍ）は西帯のオフィオライト、神威岳（一六〇〇ｍ）は角閃岩、ペテガリ岳（一七三六ｍ）と楽古岳（一四七一ｍ）はトーナル岩（石英閃緑岩）でできている。

日高山脈の西側は夕張山地で、その東部にはジュラ紀～白亜紀の空知層群や蝦夷層群が分布している。この中に断層で囲まれて神居古潭帯の岩石が分布している。神居古潭帯は三石から留萌付近まで南北に分布しており、低温高圧条件で変成した結晶片岩と玄武岩を主とするオフィオライト、蛇紋岩で構成されている。夕張岳（一六六八ｍ）には神居古潭帯の蛇紋岩メランジュ、芦別岳（一七二六ｍ）には空知層群の輝緑凝灰岩がでている。

夕張山地の西部には古第三紀の石狩層群の堆積岩が分布している。石狩層群の中には石炭層が含まれ、

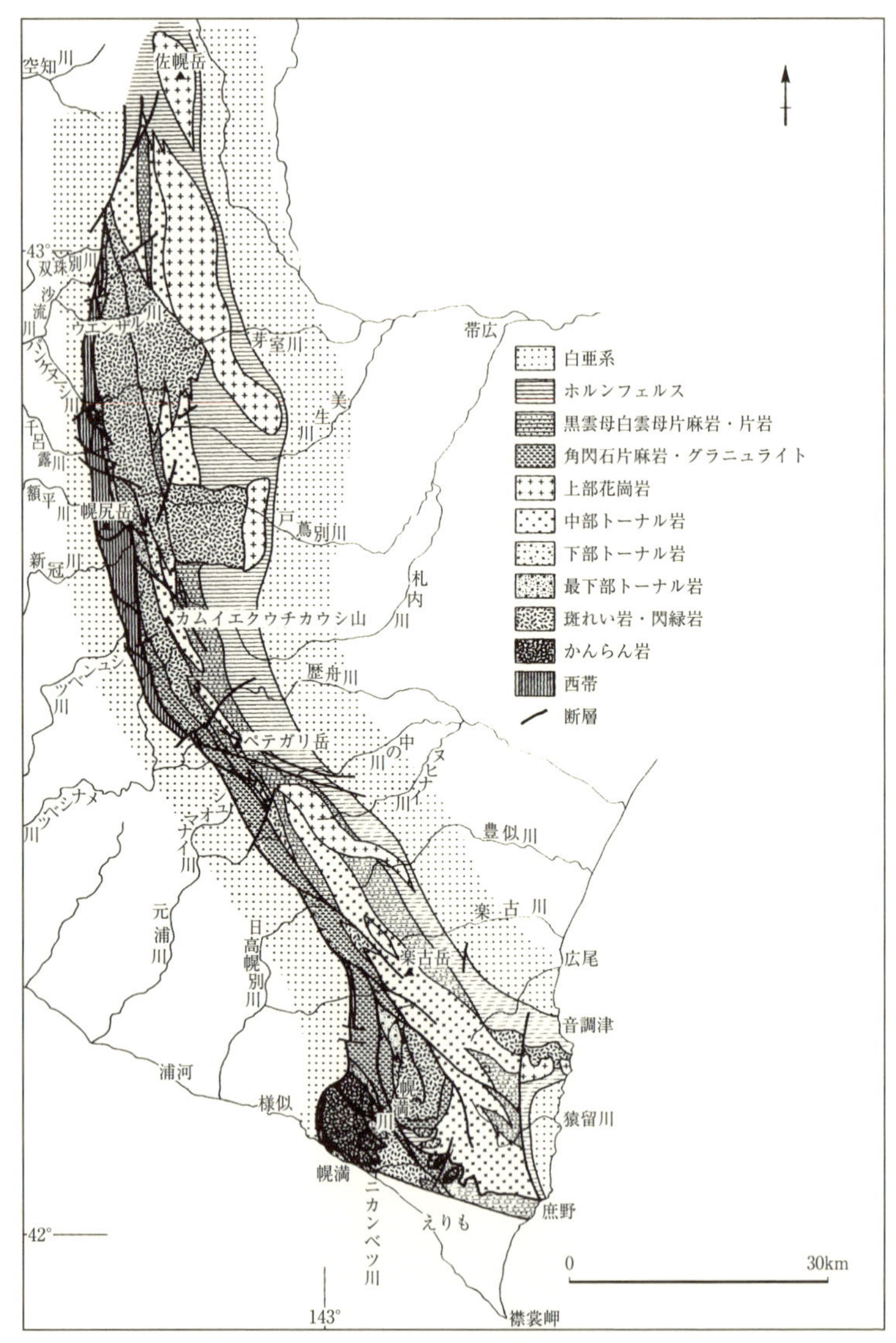

図 21　日高帯の地質
（日本の地質、北海道地方、1990〈原図：大和田・志村〉を一部改変）

かつて石狩炭田として盛んに採掘された。そしてその西部には新第三紀層が分布している。石狩炭田を含む石狩層群は激しく褶曲している。

神居古潭帯、日高帯の隆起運動から西側の褶曲運動までの一連の構造運動は、近年、太平洋プレートとユーラシアプレートの沈み込みと関連させていろいろ議論されている。

そのほか、天塩岳（一五五八m）には新第三紀中新世のデイサイト、暑寒別岳（一四九二m）には鮮新世～更新世中期の安山岩がでている。渡島半島は北上山地の延長にあたるが、大千軒岳（一〇七二m）には白亜紀の石英閃緑岩がでている。

西日本の山

アルプスなどの中部山岳地帯を除くと、西日本には、高い山はあまり多くない（図22）。石鎚山、大山、三瓶山、九重山、阿蘇山、霧島山などは地質見学旅行などで訪れた。全体として東日本の山と比べて次のようにかなり異なっている。

①古期岩は東西方向に帯状配列しているが、山なみもほぼ平行である、②四万十帯を貫く中新世の火山―深成複合岩体および花崗岩が紀州から九州まででている、③縁海形成に関係したグリーンタフの分布が狭く、山陰地方の島根県までに限られる、④霧島火山帯を除いては、火山が少なく、明瞭な火山帯となっていない、ことである。

西日本の二〇〇〇メートルを超す火山は、日本アルプスの木曽御嶽山（三〇六七ｍ）、乗鞍岳（三〇二六ｍ）、焼岳（二四五五ｍ）、白馬乗鞍岳（二四六九ｍ）を主峰とする白馬大池火山および石川県の白山（二七〇二ｍ）で、中国、四国、九州にはない。

アルプスを除いて、西日本に高い山が少ない理由は、南海トラフ（舟状海盆）の沈み込みの角度が

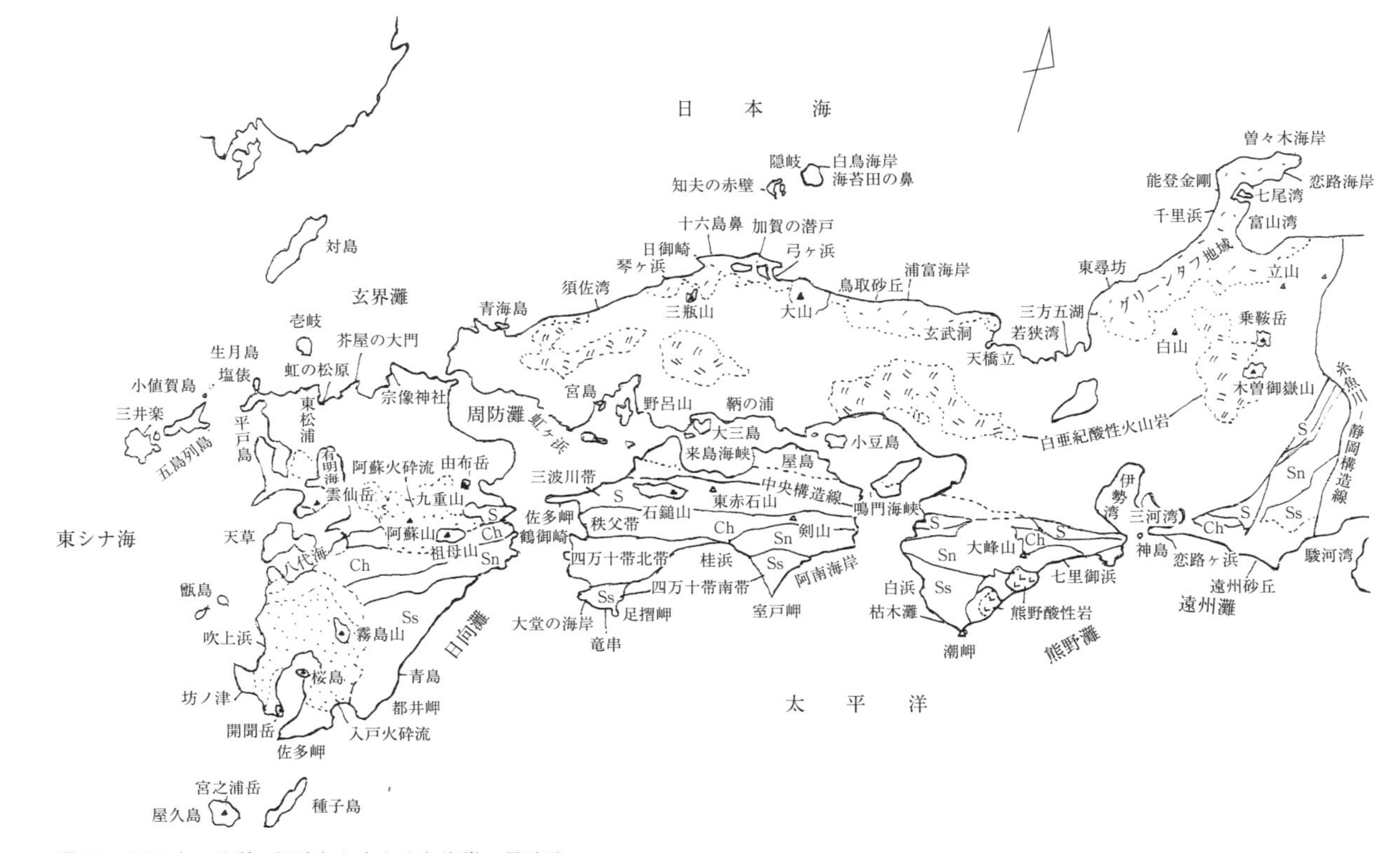

図 22　西日本の地質の概略とおもな山と海岸の景勝地

緩いことで、もう一つは、中国地方が白亜紀の濃飛流紋岩や領家花崗岩、広島花崗岩に広く占められているからである。中国地方は比較的温暖で、花崗岩は風化作用をうけている。そのため中国準平原といわれるように、高い山が残っていないのである。なお、西日本の地質の帯状構造の詳細については、海岸の章で述べる（図33参照）。

非火山性の山

比較的高い、一五〇〇メートル以上の非火山性の山がまとまってあるのは、吉野熊野国立公園である。紀伊半島の大峰山系では、大天井ヶ岳、山上ヶ岳、八剣山、釈迦ヶ岳がほぼ南北に連なり、最高峰は八剣山（一九一五m）である。大峰山系の大峰奥駈道や大塔山系（大塔山　一一二二m）の北の中辺路などは世界文化遺産に登録された熊野古道である。

雨量が多くて有名な大台ヶ原山（日出ヶ岳　一六九五m）はその東方にある。これらの山々は秩父帯の中・古生層でできている。

四国地方では中央構造線の北側は白亜紀の花崗岩や和泉砂岩層の分布地域で、讃岐山脈といっても高い所で一〇〇〇メートルをわずかに超す山が連なっているだけである。中央構造線の南側には、三波川帯、秩父帯、四万十帯が東西方向に並んでいる（図33参照）。三波川帯の部分は高く、伊予富士（一七五六

m）などがある。剣山（一九五五m）は秩父帯の岩石でできているが、名前と違いなだらかな草原である。

石槌山脈の東端の北側に、銅山川をへだてて東赤石山（一七〇六m）と西赤石山（一六二六m）など一五〇〇～一七〇〇メートル級の山なみがある。海岸からそそり立ち目立つ急峻な山だが、一般的な地図には名前がでていない。三波川帯の中のかんらん岩で、複雑に褶曲した三波川変成岩中に貫入したテクトニックブロック（構造的に貫入した岩塊）と考えられている。もともとは、マントル物質が地下深い所で、高温高圧の条件下で、エクロジャイト（ざくろ石と輝石からなる変成岩）をつくるような高温高圧な変成作用をうけた後、三波川帯に固体貫入し、現在の状態になったものである。山頂部には露岩がでていて、四国アルプスとよばれることがある。四国の中では高山植物の宝庫である。

火山―深成複合岩体と花崗岩類

四万十帯を貫いて中新世の火山―深成複合岩体および花崗岩が紀州から九州まででている。その中で石鎚山は例外で、三波川帯の中にでている。

火山―深成複合岩体の中でとくに顕著なのは、比較的新しい時代に形成されたカルデラ群の地下の構造が地表に露出しているコールドロンである。コールドロンは環状の陥没構造である。

四国の最高峰の石鎚山（一九八二m）は三波川帯の中に、中新世に形成された火山―深成複合岩体、コールドロンである。ここでは環状にでている安山岩の溶岩と火山砕屑岩と中央に貫入した花崗閃緑岩の組み合わせが見られる。石鎚山の頂上には節理の発達した溶結凝灰岩の鋸状の露岩（天狗岩）がでている。石鎚山は四国の信仰の山である。

コールドロンは九州に多く、祖母山（一七五六m）、傾山（一六〇五m）、大崩山（一六四四m）のコールドロンを含む山塊は祖母・大崩山地とよばれる険しい山地である。

秩父帯～四万十帯に噴出した大崩火山—深成複合岩体は三つのコールドロンに関連している。この複合岩体を詳しく研究した高橋正樹（一九九九）の複合岩体形成史によると、まず大量の祖母山デイサイト質火砕流が噴出し、祖母山カルデラができた。その後、外側東方から大量の傾山流紋岩質溶岩が流れ込み溶岩台地をつくった。さらに、大量のデイサイト質火砕流（溶結凝灰岩）が噴出し、傾山台地が陥没し、傾山カルデラができた。祖母山、傾山カルデラ内で、安山岩の溶岩と火砕岩が噴出し、堆積して、成層火山、祖母山ができた。

その後、両カルデラを包むように、南東部で大型のリング状割れ目から火砕流が噴出し、大崩山カルデラが陥没した。大崩山カルデラの内側に大崩山花崗岩が貫入し、一連のマグマ活動が終了した。

現在は上部が削剝され、その地下構造が見られるのである。花崗岩類は花崗岩および黒雲母角閃石花崗閃緑岩で、一四〇〇万年前の年代を示す。この複合岩体は三個のコールドロンからなる大きな火山体で、長径四〇キロメートル、短径二〇キロメートルである。それより規模の小さい複合岩体は尾鈴岩体で、最後の花崗閃緑岩は一四〇〇万～一三〇〇万年前のものである。

九州にはコールドロンをつくらないが中新世の花崗岩が多い。北から石英閃緑岩～花崗閃緑岩の市房(いちふさ)山、黒雲母花崗岩の高隈(たかくま)山、黒雲母花崗閃緑岩の大隅半島および屋久島の宮之浦(みやのうら)岳で、ほとんどが一四〇〇万～一三〇〇万年前に貫入したもので、大崩複合岩体の時代と変わりがない。

その他に南九州沖の甑(こしき)島にも同時代の石英閃緑岩がでている。また五島列島の中通島にもでている。四国では石鎚山以外では貫入岩が少ない。足摺岬には一三〇〇万年前の斑れい岩やアルカリ花崗岩などがでている。室戸岬の斑れい岩は一八〇〇万年前で花崗岩類よりは古い。

紀伊半島東部には熊野酸性岩体といわれる一種の大きな複合岩体がでている。流紋岩質凝灰岩と花崗斑岩からなる複合岩体で、花崗斑岩が八〇パーセントを占めている。南北に二二キロメートル、東西に数百メートルの大きな岩体で、年代は一四〇〇万年前である。

大峰山地には南北に七つほどの花崗岩、花崗閃緑岩、花崗斑岩、石英斑岩の小岩体がでている。年代はやはり一四〇〇万～一一〇〇万年前である。なぜ、西南日本の四万十帯に点々と花崗岩類が貫入したかは明らかでない。

九州にもそれほど高い山はない。むしろ最高峰は屋久島の花崗岩の山、宮之浦岳（一九三六m）である。この花崗岩は、長径二・五キロメートルで、四万十層群（白亜紀～古第三紀）を貫いている。

屋久島は多雨で、海岸の亜熱帯植物帯から、暖帯、温帯、さらに亜高山帯におよぶ植生の変化がある。とくに杉の原生林に覆われ、樹齢数千年、いわゆる縄文杉で知られ、世界自然遺産である。

九州本土では標高一七〇〇メートル以上の非火山性の山は、祖母山地の祖母山（一七五六m）、五家荘の奥の秩父帯にある国見山（一七三九ｍ）、新第三紀花崗岩の市房山（一七二一ｍ）である。

中国地方の火山（図23）

中国地方には、大山（一七二九ｍ）、三瓶山（一一二六ｍ）の成層火山があるが、その他は青野(あおの)山、阿武(あぶ)火山群だけである。三瓶火山、阿武火山群は活火山である。

大山火山は鳥取県西部に位置する、東西三五キロメートル、南北三〇キロメートルの大きな成層火山で、伯耆(ほうき)大山とよばれる美しい山である（写真31）。白亜紀の火山岩や古第三紀層の上に噴出した。古期の安山岩（黒雲母～角閃石輝石安山岩）の火砕流と溶岩、その上の新規の五枚の安山岩（黒雲母～角閃石～しそ輝石安山岩）溶岩と火山砕屑物が積もってできた成層火山である。約三〇万年前に溶岩ドームをつくり活動を停止した。私は岡山県の蒜山(ひるぜん)から眺めたが、灰色っぽい大きな山だという印象であった。

島根県の大田市の南東に三瓶火山がある。白亜紀花崗岩の上で大量の軽石を噴出し、カルデラをつくった。その後、角閃石安山岩の溶岩、火山砕屑流、火山灰を噴出し、カルデラ内に四つの溶岩ドームをつくった。

この火山が噴出した火山灰は日本の広い範囲（佐渡島など）に降下し、地層の中に残っていることがある。このような火山灰は広域テフラ（火山灰）とよばれ、地層の対比に用いられる。このテフラは三

写真 31　大山の南壁

瓶木次（きつぎ）テフラとよばれ、約一一万年前のものである。

阿武火山群は二〇〇万〜一五〇万年前の間にできた火山群である。その後、一三〇万年前までに玄武岩の溶岩台地ができ、一〇万年前までに南東方の青野山付近に二五の角閃石安山岩の火山が噴出した（青野火山群）。そして、最後は一万年前に笠山の安山岩の溶岩台地ができた。これらの火山群が阿武火山群とよばれているもので、約四〇〇平方キロメートルに約四〇の単成火山がある。単成火山は伊豆半島や長崎県福江島にもでているが、阿武火山群の火山の数ははるかに多い。

山口県萩市と阿武町付近の海には丸い形をした島が目立つ。小さな玄武岩の溶岩台地やスコリア丘と、平らな形をした安山岩の溶岩台地が一〇ほどある。海岸にも笠山、鵜山などの小さな丸い形をした溶岩台地がつきだしている。同様な大小の溶岩台地などが陸側にも数多く分布している（永尾、二〇一二）。

九州の火山（図23）

九州北東部には、国東半島のすぐ北に姫島、半島中央に角閃石安山岩の両子山火山（七二〇m）がある。姫島は三二万年前ごろの噴出で、角閃石安山岩を主とし、灰色の黒曜岩をともなう。別府西方には角閃石安山岩を主とする由布岳（一五八三m）、鶴見岳（一三七五m）の火山がある。これらの火山が有名な別府温泉の熱源である。

その南西には九重連山がある。九重連山は、七×五キロメートルの範囲にある、最盛期の九重火山（久住山、三俣山、星生山、稲星山などの溶岩ドーム）をはじめ、黒岳、大船山、平治岳、天狗ヶ城など一〇以上の黒雲母、角閃石を含む輝石安山岩の溶岩ドームや溶岩流を含む火山群である。硫黄山は歴史時代にも噴火した活動的火山で、地熱地帯であり、八丁原、大岳、滝上地熱発電所がある。久住山は九州で最も高い山（一七八七m）で、山麓は高原となっていて、「坊がつる賛歌」で知られている。

霧島火山帯に属すると考えられる火山は、北から、阿蘇火山（一五九二m）、霧島火山（一五七四m）、桜島火山（一一一七m）、開聞岳火山（九二四m）、薩摩硫黄島、屋久島の西の口永良部島、トカラ列島の口之島、中之島、諏訪之瀬島（御岳）、悪石島および硫黄鳥島の火山である。

阿蘇火山は阿蘇カルデラ、阿蘇火砕流堆積物、阿蘇五岳とよばれる一〇の中央火口丘群などでできている（図1）。阿蘇カルデラは東西一八キロメートル、南北二五キロメートル、面積約三八〇平方キロメ

九州地方の火山

霧島火山帯

九重火山		Aph(CA)、Ap-D	
阿蘇火山			活
先カルデラ	玄武岩溶岩類		
	安山岩類		
	黒雲母流紋岩		
火砕岩	Aso1-3	D	
	根子岳	B、Ap(O)、Aph、Ah	
火砕岩	Aso4	D	
中央火口丘	御竈門山	Ap(O)	
	夜峰山	B	
	烏帽子岳	Ap(O)	
	丸山	B、Ap	
	横尾岳	B、Ap	
	鷲が峰	B、Ap(O)	
	高岳	B、Ap(O)	
	杵島岳	B	
	米塚	B	
	中岳	B、Ap(O)	活

霧島火山帯

霧島火山		
白鳥山、蝦野岳	Ap、Ap(O)	
大浪池	Ap、Ap(O)	
大幡山、丸岡山	Ap、Ap(O)、B	
御池	Ap(CA)、Ap(TH)	活
韓国岳	Ap、Ap(O)	活
新燃岳、中岳	Ap(CA)、Ap	活
古高千穂峰	Ap、Ap(O)、Q	活
高千穂峰	Ap、Ap(O)	活
姶良カルデラ		
桜島火山		
南岳	Ap(TH)	活
阿多カルデラ		
池田カルデラ		
開聞岳	Ap、B	活
鬼界カルデラ		
薩摩硫黄島	B、D、Rh	活
口永良部島	Ap	活
中之島	Ap	活
諏訪之瀬島	Ap	活

姫島	D、Rh、Ah	
両子山	Ah	
由布岳	Ah-D、Rh	活
鶴見岳	Ah-D、Rh	活
雲仙岳	Aph、Ah-D	活
多良岳	Aph、B	
福江火山群	alk B	活

中国地方の火山

大山	Ah、Aph	
三瓶山	Ah	活
阿武火山群		活
青野	Ah	
山口	Ap、B	

岩質の記号は図 15 に同じ　Ap(O)：かんらん石普通輝石しそ輝石安山岩　Rh：流紋岩　alk：アルカリ

図 23　九州地方と中国地方の火山の岩石構成

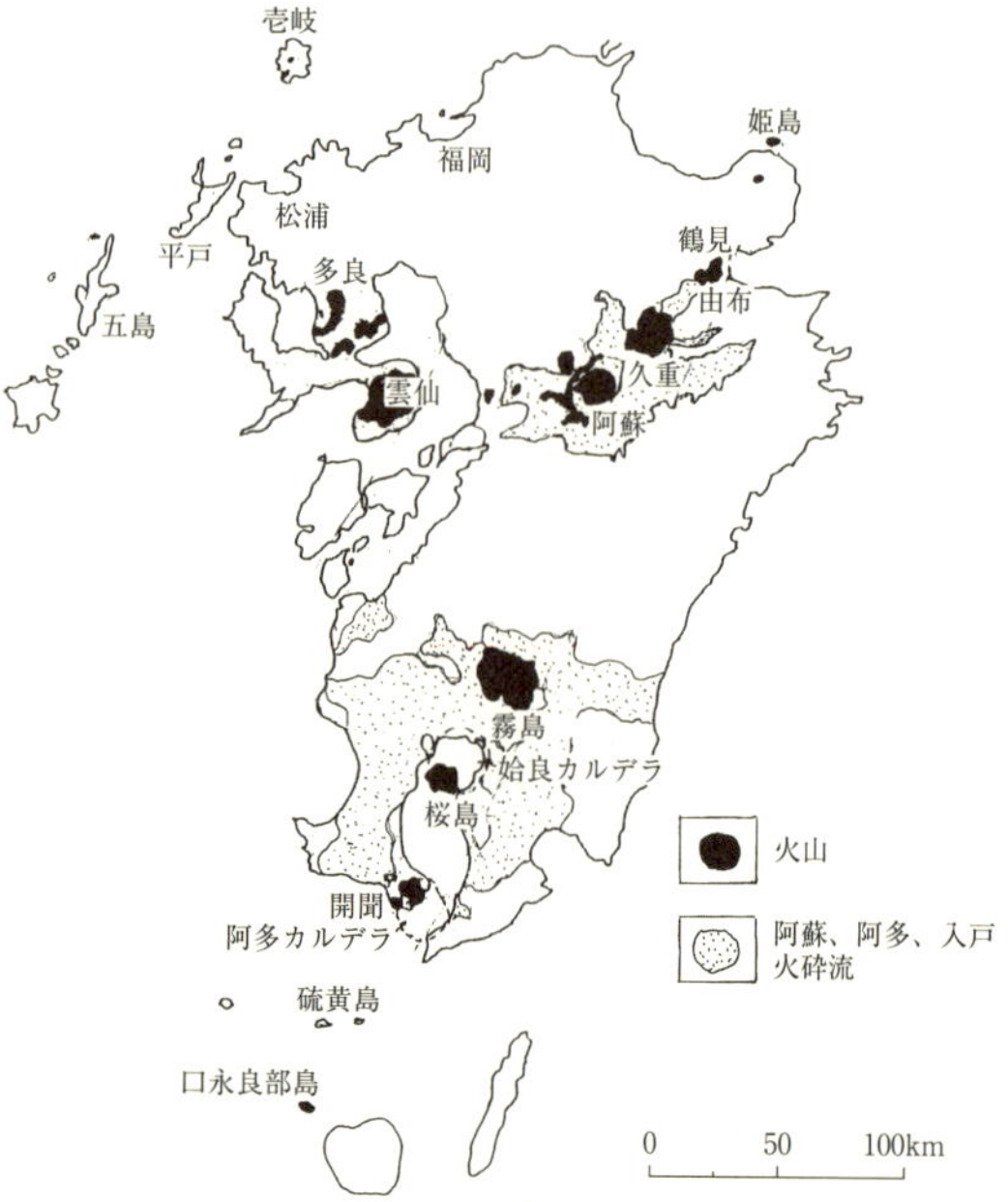

図24　九州の第四紀火山と阿蘇、阿多、入戸カルデラからの火砕流の分布

ートルの大きなカルデラである。デイサイトの阿蘇火砕流堆積物の分布は長径一五〇キロメートル以上の広がりをもっている（図24）。阿蘇の火砕流堆積物はＡｓｏ１〜Ａｓｏ４に分けられ、約三〇万年前から七万年前の間に噴出した。Ａｓｏ４にともなう火山灰は日本各地に分布し、広域火山灰（テフラ）として、九万〜八万年前の年代指標となっている。現在も活動している中岳（一五〇六ｍ）は五〜七個の小火口をもっているが、輝石安山岩を主としている。

霧島火山群は四万十帯に噴出した火山である。二〇以上の独立した火山からなる火山群で、東西三〇キロメートル、南北二〇キロメートルの範囲に分布している。約二万年前から活動を始め、北西から南東に活動の場を移し、韓国岳（一七〇〇ｍ）、新燃岳（一四二一ｍ）、高千穂峰（一五七四ｍ）などの活動と続き、三〇〇〇年前の御池火山の活動で休止した（写真32）。しかし、近年でも、一九五九（昭和三十四）年、

写真 32　霧島連峰。奥から高千穂峰、御鉢、新燃岳

二〇一一（平成二十三）年に、新燃岳で噴火した。火山岩はかんらん石輝石安山岩〜両輝石安山岩である。

始良カルデラは二万二〇〇〇年前からしばしばデイサイトの軽石や入戸火砕流を噴出した後、陥没して形成された。入戸火砕流堆積物は鹿児島湾を中心にして、長径一二〇キロメートル以上の広がりをもって南九州に分布し、いわゆるシラス台地をつくっている（図24）。

桜島火山は、直径二〇キロメートルの始良カルデラが沈水した鹿児島湾の湾奥の南側に位置し、北岳と南岳の輝石安山岩の成層火山と多くの側火山からできている。最高峰は北岳で一一一七メートルである。桜島火山の活動は一万三〇〇〇年前に始まるが、現在でも噴煙を上げている。

九州の南端、薩摩半島の最南端には、美しい姿を示し、薩摩富士とよばれる輝石安山岩の開聞岳（九二四m）がある。開聞岳は阿多カルデラに含まれる池田カルデラの南に位置している。阿多カルデラを生じたのは阿多火砕流の噴出による。その後、池田火砕流が噴出、小さな池田カルデラをつくった。そして開聞岳が形成されたが、山頂は輝石安山岩の溶岩ドームである。開聞岳は一〇〇〇メートル未満の山だが、円錐形の美しい姿から例外的に「百名山」の一つに選ばれた。

九州の南には南西諸島に沿い、幻のカルデラ、二〇×一七キロメートルの鬼界カルデラと薩摩硫黄島の火山、屋久島の西の輝石安山岩の口永良部島、トカラ列島の輝石安山岩の口之島、輝石安山岩の中之島、諏訪之瀬島（御岳）、悪石島、硫黄鳥島の火山がある。鬼界島では、カルデラの形成後、七万年前からデイサイトを噴出し、成層火山の硫黄岳をつくった。

口永良部島の高堂森（たかどうもり）火山は約一〇万年前ごろ、野池山火山の主部は約一万年前に形成された輝石安山岩の火山で、その後、古岳（六五七m）、新岳（六二六m）が形成された。新岳は、二〇一四（平成二十六）年に二五年ぶりに噴火し、翌年再び噴火し、一時全員、屋久島に避難した。

霧島火山帯とは離れて有明湾の西に角閃石輝石安山岩の雲仙岳（一四八三m）、その北西に角閃石輝石安山岩の多良（たら）岳がある。雲仙火山の活動は二四万年前ごろに始まり、火山体をつくった。一五万年前に急激な沈降が起こり、マグマ水蒸気噴火を生じ、地溝状の部分に厚い溶岩と火砕物が積もった。一五万年前以降、東部で小型の火山体の形成と崩壊をくりかえし、四〇〇〇年前に眉山（まゆ）（八一九m）が形成された。

一七九二（寛政四）年に眉山の大崩壊が起こり、崩壊物は岩屑流となって流れ下り、誘発された津波は有明湾沿岸に大きな被害を与え、「島原大変肥後迷惑」の言葉を残した。

写真33　雲仙普賢岳。火砕流の跡が生々しく残っている（小林哲夫氏提供）

一九九〇～一九九五（平成二～七）年、約二〇〇年ぶりに噴火し、多量の火山灰を噴出するとともに、普賢岳山頂付近に溶岩ドームを形成した。それが崩壊し大火砕流が発生して、大きな被害を生じ、四〇人以上の人命を失った。一方、岩屑なだれが大きな火砕流を引き起こすという新しい一面を認識させた（**写真33**）。

九州北西部には、アルカリ玄武岩の溶岩台地やスコリア丘がある。同様なものは、丹後地方の神鍋(かんなべ)山や宝山のスコリア丘である。神鍋山の北東にある玄武洞もほぼ同じ時代（約一六〇万年前）のアルカリ玄武岩の柱状節理の見事な溶岩である。福岡県の芥屋(けや)の大門(おおと)もその例である。壱岐や五島列島などにもスコリア丘があり、丹後、山陰地方、隠岐を含めて環日本海アルカリ岩石区が設定されている。

九州には絶えず噴火している阿蘇山、桜島の火山をはじめ活火山が多い。霧島火山群の韓国岳、新燃岳、中岳、高千穂峰、御池、開聞岳、鶴見岳、由布岳、雲仙岳、福江火山群、薩摩硫黄島、口之永良部島、口之島、中之島、諏訪之瀬島の火山は活火山である。

プレートの沈み込みと九州の火山

西日本、とくに九州の火山は、東日本の火山と違い、プレートの沈み込みとどう結びつけるかは複雑である。永尾隆志（二〇一二）は、大山火山、三瓶火山、阿武火山群が南方に延びて、九州の姫島、両子火山、由布火山、鶴見火山、さらには九重火山群に連なると述べている。確かに九重連山は岩石の性質が山陰の火山に似ている。

高橋・小林（一九九九）は、火山帯という言葉を使っていない。阿蘇の下には沈み込みプレートの深発地震面（ほぼプレートの上面）が達していないという理由で、雲仙岳、阿蘇山、九重山、由布岳を結ぶ一つの帯を考えている。そして、南北方向に地殻が引っ張られて拡大している別府―島原地溝帯と阿蘇、九重の火山の活動を関連させている。

しかし、南九州から南西諸島では、火山フロントの直下まで沈み込みプレートが到達していて、火山フロントに沿って北東―南西方向の地溝が発達し、霧島火山群、桜島、開聞岳からトカラ列島までの火山が連なっているとしている。

高橋道夫（一九八七）によると、フィリピン海プレートのもぐりこみによる地震は九州中部では深さ

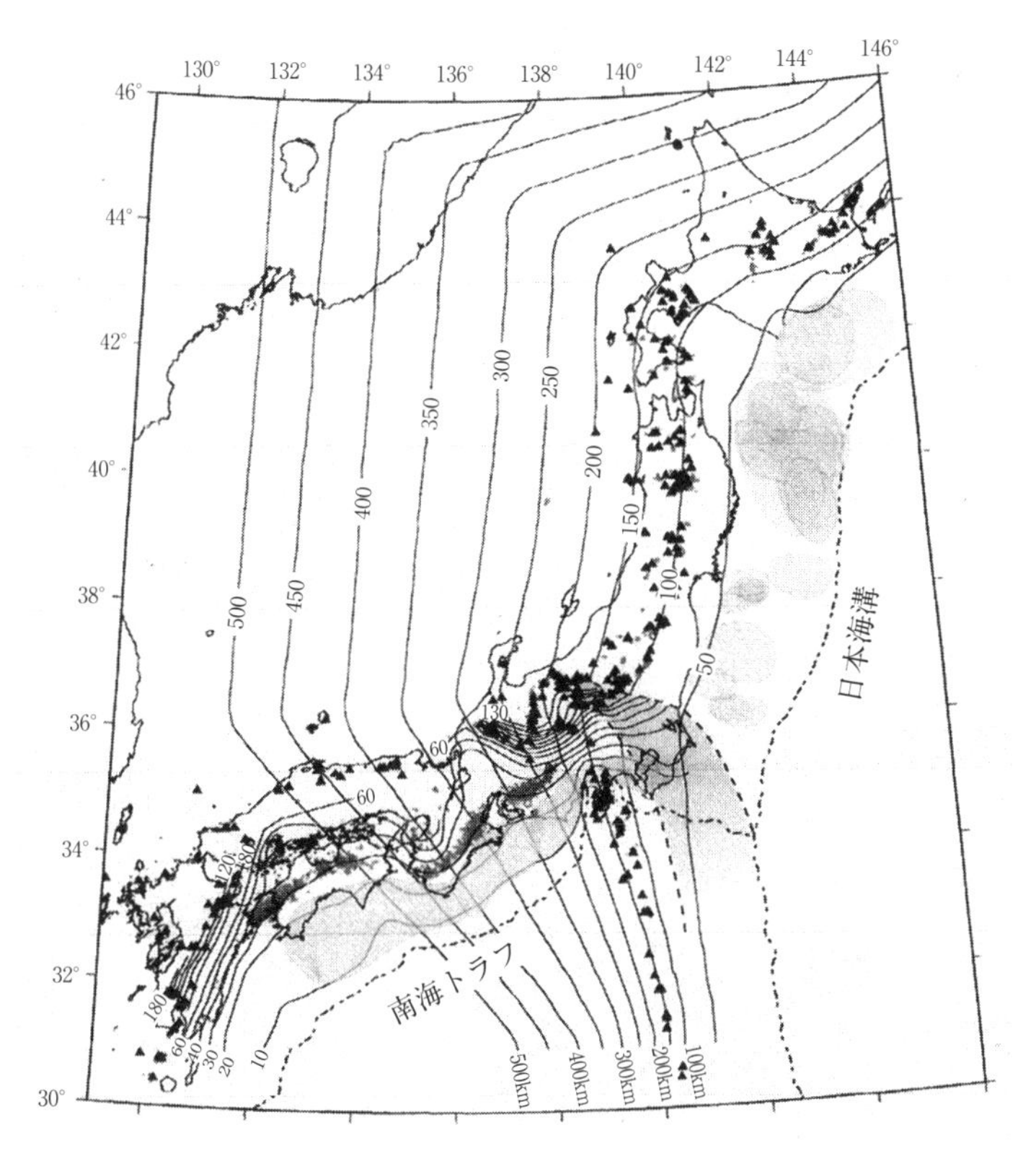

図 25 日本列島下に沈み込む太平洋プレートおよびフィリピン海プレートの形状
くさび状の破線部が太平洋プレートとフィリピン海プレートの接触域。▲は火山（長谷川ほか、2010 より）

一五〇キロメートルに達しており、深発地震面の厚さは二〇〜三〇キロメートルで、種子島東方では深さは小さくなるが、地震面の厚さは五〇キロメートル以上であるとのことである。なお、一九〇九（明治四十二）年の宮崎県西部地震（M七・八）では震源の深度は一五〇キロメートルと推定された。

最近のフィリピン海プレートの沈み込みを示す図（**図25**）では、日向灘から急角度で沈み込むプレートの上面の深度は一八〇キロメートルで、国東半島から鹿児島の西の地下まで引かれている。

日本の火山をつくる太平洋プレートは古く、その厚さは約九〇キロメートルと想定されているが、フィリピン海プレートはそれより若く、厚さは三〇〜三五キロメートルといわれている。しかし前述の地震に関連しては五〇キロメートルと想定された。この厚さと深度であればマグマの形成も可能と思われる。それでも、雲仙、多良火山の位置づけには問題が残る。

大分、本題からはずれたが、九州の火山はすべて素晴らしく、それぞれ特徴のある自然景観を示していることは、ほとんどすべての火山が国立公園に入っていることからも明らかである。

なぜ九州に大きなカルデラができたのか

九州地方に大きなカルデラがあるのはなぜだろうか。九州の火山はフィリピン海プレートの沈み込み角度が大きいところにあること、もう一つは一種の地溝帯が発達していることである。加久藤、姶良、阿多カルデラは南北方向に近い鹿児島地溝（露木、一九六九）に沿っているように見える。阿蘇火山は別府―島原地溝の中にある。阿蘇火山は大量のデイサイトの火砕物（火山灰と火砕流）を噴出し、陥没したが、外輪山、根子岳および中央火口丘を構成する火山岩は多くは玄武岩およびかんらん石輝石安山岩で、ソレアイト質である。桜島、開聞岳、薩摩硫黄島も同様である。小林哲夫（二〇〇八）のモデルに示されるように、おそらく下部地殻にある大量の玄武岩マグマによって上部地殻が熱せられ、溶融し、デイサイトの噴出が起こり、その後に結晶分化やマグマ混合をしない玄武岩、輝石安山岩が噴出したものであろう。このような大規模な火山活動を起こした場所は成層火山の噴出の場と違い、下部地殻まで達する地溝形成のようなテクトニクスが必要であったであろうと考えられる。

かなり条件は違うが、東北日本の中新世中期のハーフグラーベン（半地溝帯）内の海底火山活動は玄武岩と流紋岩の二極の成分のバイモーダル火山活動であった。前述の津川―会津区の火山活動がその例で、大量のデイサイト～流紋岩の火砕岩および溶岩と玄武岩（ソレアイト質）の水冷破砕溶岩で、安山岩溶岩はほとんどない。ある意味ではカルデラの火山活動と共通している。

北海道の西部と東部にもカルデラが多いが、地下構造を示す手がかりがない。東部の屈斜路カルデラはその規模が阿蘇より大きい。千島方向の何らかのテクトニクスと関連があるかもしれない。この地域では、太平洋プレートの沈み込みの角度が東北日本より大きい点も気になる。またデイサイトの噴出の後、玄武岩と輝石安山岩（ソレアイト質）が噴出している点は九州と共通している。

九州のいわゆるグリーンタフ

第四紀の火山と同様に特異なのは新生代の火山作用である。その代表的なものは、九州のいわゆるグリーンタフと豊肥(ほうひ)火山岩類である。豊肥火山岩類は鮮新世の英彦(ひこ)山などや更新世前期の耶馬(やば)渓火山岩などである。

九州の新生代の火山岩には緑色に変質した溶岩や凝灰岩が多い。それは北九州の別府—島原地溝内と南九州の肥薩地方にでている。仲間とこの地溝内の鯛生(たいお)金山付近を調査したとき、一見、東北地方のグリーンタフとまちがえた。南薩の金山地帯を旧金属鉱業事業団の人たちと見てまわったときも、これが鮮新世の火山岩といわれてとまどったことがあった。

これまで、グリーンタフは日本海の拡大後、一五〇〇万年前に本州の日本海側にできたハーフグラーベンでの海底火山活動の産物が変質したものに限定してみてきた。グリーンタフ地域には多くの金属鉱床が存在する。とくに銅、鉛、亜鉛、石膏を主とする塊状の黒鉱鉱床がでている。黒鉱鉱床は東北日本の秋田県に多いが、津川—会津区、能登半島、さらに島根地方(鰐淵(わにぶち)、岩見鉱床)まででている。しかし、九州にはでていない。

確かに、グリーンタフに類似する緑色に変質した凝灰岩は九州の別府—島原地溝や肥薩地方や南西諸島にでている。北海道の知床半島などや伊豆半島にもでている。伊豆半島のものは湯ヶ島層である。

ここで、少しグローバルにグリーンタフ問題をみてみる。環太平洋地帯の新生代（中新世）の火山活動は、特異な島弧─陸弧変動（グリーンタフ変動）とされてきた（牛来、一九七三）。

陸弧は北アメリカのカスケード山脈や南アメリカのアンデス山脈である。島弧はアリューシャン列島、千島列島や西太平洋の日本列島、南西諸島、フィリピン諸島、南太平洋のスンダ列島、ソロモン諸島、フィジー諸島、ニュージーランド島などである。私はニュージーランドの北島でグリーンタフを見ただけだが、これらの諸島には新生代のグリーンタフがでているようである。

日本列島の日本海側のグリーンタフは、縁海形成と関連した特殊なもので、東太平洋の島弧では、島弧形成の初期に断裂帯ができ、海底の火山活動にともないグリーンタフが形成されているようである。

九州のグリーンタフは、形成された場所や、海成層でなく湖成層である点や、中新世末から鮮新世まで存在することが、上述のグリーンタフ地域のものとは異なっているようである。東北日本のグリーンタフ地域では、中新世末期から鮮新世〜更新世初期（二〇〇万〜六〇〇万年前）に隆起運動が起こり、火山作用が盛んになった。九州でも鮮新世末期〜更新世初期に火山作用が激しくなった。豊肥火山岩類とよばれるものがそのようなもので、噴出量が多く、グリーンタフ地域と似ている点がある。

鯛生金山の母岩は中新世後期の火山岩であるが、南九州の金山の母岩は鮮新世〜更新世の火山岩である（図26）。金鉱石の脈石の年代が詳しく調べられているが、六〇〇万年前から五〇〇万年前までと幅があり、一九八一（昭和五十六）年に発見された菱刈（ひしかり）金鉱床はじつに第四紀の一〇〇万年前で、いわゆる第四紀火山と同じである。鉱床母岩の火山岩もほぼ同様である。

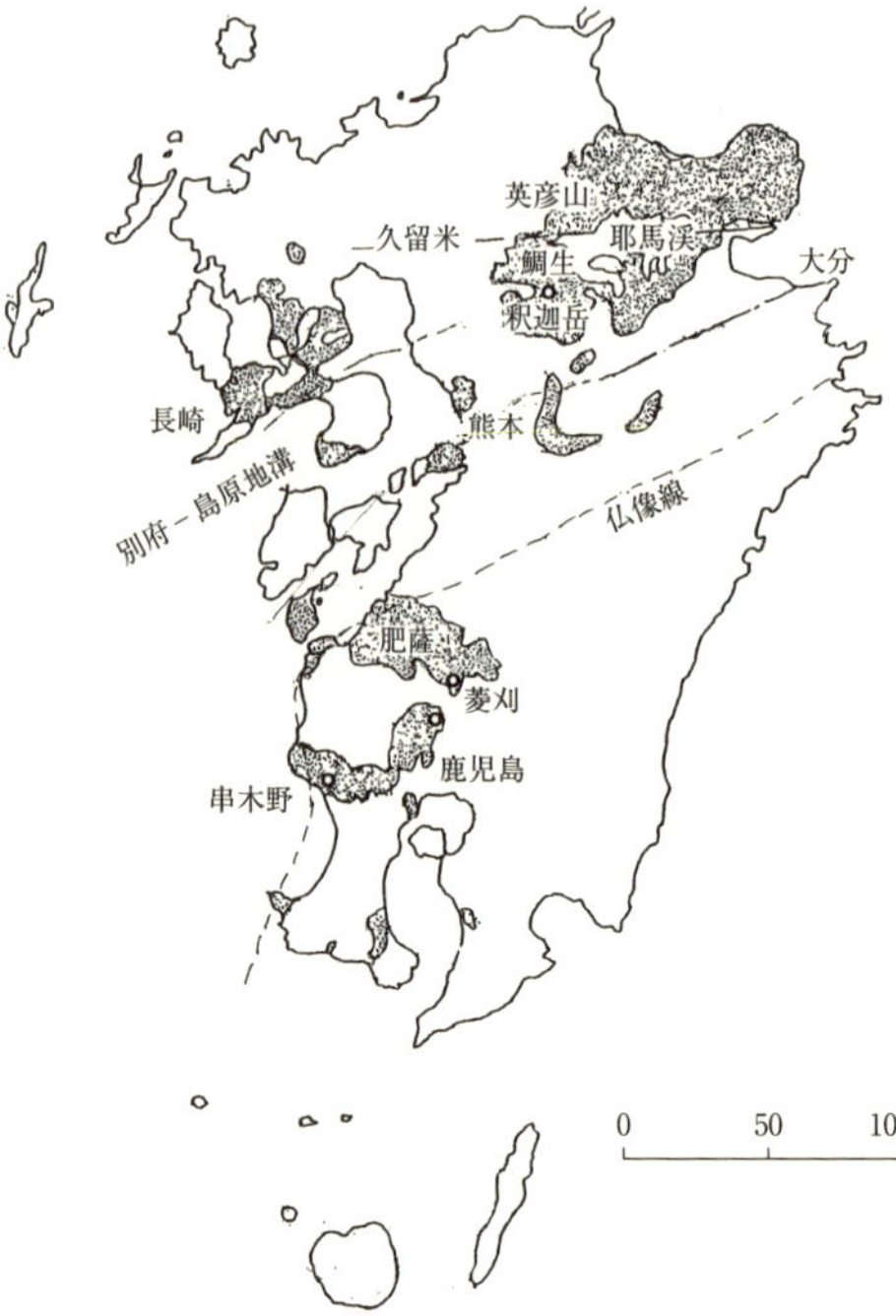

図 26　九州の中新世、鮮新世、更新世の火山岩の分布と金鉱床

　なお、菱刈金山の金の生産量は、採掘開始後三〇年で二二五トンで、三二〇年間生産した佐渡金山の七七トンの三倍である。

　九州の新生代のいわゆるグリーンタフを含む火山活動は、一つは別府―島原地溝内で起こったと思われる。南九州では新しい火砕流に覆われて構造的位置は明らかでないが、なんらかの火山活動をともなった構造地帯と思われる。ちなみに、金鉱脈の方向は北東―南西方向に近いものが多い。そしてこの火山活動地帯では熱水変質作用が広範に起こり、金などの鉱化作用も著しかったと思われる。これが九州のグリーンタフの正体ではなかろうか。

　二〇一六(平成二十八)年四月十四日、マグニチュード六・五、震度七の熊本地震が発生した。この地震は別府―島原地溝沿いの熊本地域、阿蘇―九重地域、由布―別府地域で起こった。北東―南西方向の軸をもつ右横ずれ断層型の布田川(ふたがわ)活断層と、北北東―南南西方向の日奈久(ひなぐ)活断層などが動いた、直下型の内陸地震とされている。局所的に建築物の破壊が著しく、地震断層が地表で多く見られるめずらしい地震である。

渓谷、峡谷の景観

山の中腹から流れだした水は、山の斜面を流れ下りながら、浸食を続けて沢をつくる。さらに川を下り麓に達し、黒部川扇状地のような扇状地をつくる。平地を流れる川は海水準の変動や隆起運動により段丘をつくり、下流では土砂を堆積して、平野を形成する。

川は土地が隆起すると、それに対応して下方を浸食し、深く刻み込み、渓谷（峡谷）とよばれる谷をつくるが、多くのすぐれた自然景観を示す場合が多い。

硬い岩石の中にできた断層や火成岩の節理に沿い浸食が始まり、下刻するにしたがい両岸の岩石が崩落し、V字形を示す横断面の幼年期の谷になる。時には硬軟の岩石の浸食の違いで、滝をつくる。隆起運動が止まると、川の水の浸食は横に広がり、両岸を削り、川幅を広げ、開けた谷、壮年期の谷となる。

峡谷には、紀伊半島の十津川や瀞峡をつくる北山川や古座川などのように、著しく蛇行しているものもある。これは準平原状の山地の上を蛇行していた川が、土地の隆起で下方浸食が進んでできたものである。嵌入蛇行とよばれ、大井川や四万十川でも見られる。

すぐれた渓谷、峡谷は、とくに硬い岩石の所にできている場合が多いようだ。そして厳美渓（げんびけい）（岩手県）、飛水峡（ひすいきょう）（岐阜県）、耶馬渓の猿飛峡（大分県）のように甌穴（おうけつ）群などもでき、天然記念物に指定されている所もある。多くのすぐれた渓谷、峡谷はかつてはさらに多かったと思われるが、渓谷、峡谷はダムの適地でもあったため、ダムの底になってしまった所も少なくない。

景観のすぐれた渓谷、峡谷の多いのは、中部山岳地帯と紀伊山地、四国中央部、九州中央部などである。地質の上では、中、古生代の堆積岩、中新世の凝灰岩と溶岩（グリーンタフなど）、白亜紀の溶結凝灰岩と花崗岩、第四紀火山の溶岩と溶結凝灰岩、変成岩などの順である。

代表的な渓谷、峡谷としては、北から順に、層雲峡・天人峡（大雪火山の溶結凝灰岩）、猊鼻渓（げいびけい）（古生代の石灰岩）、厳美渓・鳴子峡・二口（ふたくち）渓谷・吹割（ふきわれ）峡・磊磊峡（らいらいきょう）・早戸川渓谷（中新世の凝灰岩）、清津峡（中新世の石英閃緑ひん岩）、長瀞峡（三波川結晶片岩）、昇仙峡・西沢渓谷（花崗岩）、十字峡・S字峡・白雲峡・猿飛峡などの黒部峡谷（飛驒変成岩）、手取峡、九頭竜（くずりゅう）峡、天竜峡・恵那（えな）峡（白亜紀花崗岩）、付知（つけち）峡（白亜紀溶結凝灰岩）、瀞峡・北山峡（四万十層の粘板岩、砂岩）、祖谷（いや）渓・大歩危（おおぼけ）・小歩危（三波川結晶片岩）、帝釈峡（たいしゃくきょう）（古生代の石灰岩）、三段峡（白亜紀溶結凝灰岩）、面河（おもご）渓谷（第三紀貫入岩）、耶馬渓（耶馬渓溶結凝灰岩）、椎葉渓谷（四万十層群）、高千穂峡（阿蘇溶結凝灰岩）などがあげられる。

山岳信仰と宗教

山岳信仰の始まりは、山を恐れ敬う土俗信仰と思われるが、それと呪術を主とする道教が結びついたものと考えられる。

道教は日本にも中国から朝鮮半島をへて伝えられ、古墳の築造や苑地（古代庭園）づくりに大きく影響した。それにもかかわらず日本の一般的な歴史書に道教についての記述がほとんどない。これは道教が民間信仰であったことと、神祇との関係のせいと考えられる。持統天皇が唐の律令を手本として大宝律令を制定したにもかかわらず、唐の朝廷が重視した道教や老子を排除したことにさかのぼる。同じころ編纂された『古事記』や『日本書紀』に神々の物語が語られ、それを引き継いだ天皇家の歴史がつくられた。そのため道教は公的に認められず、道教の主流は山岳信仰（修験道）や陰陽道に向かったものと思われる。

八〇四（延暦二十三）年、最澄、空海は唐に渡った。最澄は天台宗を学び、翌年帰国し天台宗を興した。空海は最新の思想としての密教を学び、二年後に帰国し真言宗を興した。最澄の弟子円仁、円珍は唐に渡り密教を学んで帰り、真言密教に対し、天台密教をつくりあげた。密教は呪術的要素を含む。奈良時代の寺院は都にあったが、最澄、空海は都ではなく、それぞれ比叡山延暦寺（七八八年）を天台宗、高野山金剛峰寺（八一六年）を真言宗の本山にした。

世俗的な密教（雑密）は、山岳崇拝と結びついた。山岳信仰が盛んになると、いわゆる修験道という宗教の一派が形成された。大和葛城山の道教の道士、役小角（役行者）が修験道の開祖と伝えられている。修験道は日本古来の神々（土俗信仰）に道教や仏教の概念で意味を与えたものである。山および山にある樹木や巨岩、滝、湧水の一つ一つに菩薩の働きをみた。

仏教と神信仰の二つの世界にまたがる性格をもった権現（仏や菩薩が衆生を救うため神としてあらわれた姿）をご神体にしたが、これはまさに神仏習合の産物である。吉野の大峰山系にある金峯山寺の金剛蔵王権現、熊野の熊野権現、加賀白山の白山権現、出羽羽黒山の羽黒権現は山の主神となった。

巨岩は磐座として神のあらわれた岩とされた。窟や滝は修行の場で、修験者は那智の滝などで精進した。羽黒山のご神体は熱湯の湧きでる巨岩である。修験者はまた錬金術的なことも行い、道教の薬、金丹（硫化水銀を含む）や五石散（石鍾乳・石硫黄・白石英・紫石英・赤石脂の混合）もつくった。

日本の寺院も長い歴史の間に変転してきた。神仏習合によって、比叡山（八四八ｍ）には延暦寺と守護神の日吉大社が、高野山（九八五ｍ）には金剛峯寺と守護神丹生都比売神社が建てられた。吉野山には役小角が建立したと伝えられている金峯山寺と金峯神社と水分神社がある。寺は九世紀に、神社は本地垂迹説の起こった十世紀以降につくられたが、神仏の併存は延々と続けられた。

明治政府は一八六八（明治元）年、天皇の神権的権威を高めるため祭政一致をかかげ、神仏分離令を出した。仏教の聖地でも神社が主になり、寺は廃寺かわきに追いやられた。熊野那智大社には青岸渡寺（神宮寺）だけが残っている。出羽三山の羽黒山は三神合祭殿（出羽神社）が中心となり、斎館（華蔵院）がただ一つ残っている。寺が建立された日本の山は、中国や韓国と違い一〇〇〇メートル以下で高くはないが、寺と神社が共存するのが特徴である。

奈良時代の末から平安時代にかけて、神社への神階（位階）授与が盛んに行われた。国家の神祇政策ではあったが、人間が神に位階を授けるというのはきわめて日本的である。鳥海山の大物忌神は辺境の守護神として正一位を授けられ、蔵王山の刈太嶺神、立山の雄山神、大山の大山神もそれぞれ授けられた。磐梯山の磐椅神社は八五六年、従四位下を授けられたが、噴火すると位があがった。火の山が恐れられ、敬われたしるしと思われる。

山岳宗教の拠点となったおもな山は、北から恐山、出羽三山、富士山、立山、木曽御嶽山、大峰山、石鎚山、英彦山である。日本アルプスに一般の人が登るようになったのは比較的新しい時代であるが、明治に入って登頂したら、剱岳のような険しい山に、修験者の遺品や僧侶の登頂の跡（奈良時代の錫杖など）が発見された。いかに日本人が古くから神や仏の信仰と結びつけて山に登ったかがわかる。

このような神や仏との関係は、自然物である日本の山のもう一つの側面で、このことはいろいろな形で現在の日本人の精神生活に関わりをもっている。

日本列島とまわりの海

日本海はどのようにしてできたのか

海岸の自然景観を述べるには、海に囲まれている日本列島の生い立ちを考えることが必要である。日本列島が弧状列島であることは、先に述べた。日本列島は、太平洋、日本海、オホーツク海、東シナ海に囲まれている。

日本列島がシベリア大陸から分離して、南に移動し、大陸との間に日本海ができたということは、現在多くの人によって認められている。しかし、その原因や詳しい移動の経緯については未だ解明されていないことが多い。その概略を述べる前に、日本海の地形、地質について述べておきたい。

近年の海洋地形、地質の調査研究により、日本海の北半分の日本海盆は、水深三五〇〇〜三六〇〇メートルの平坦な地形を示しているが、中央部に海底からの高さ一五〇〇メートルのボゴロフ海山がある。南半分は、東西方向の水深三〇〇メートル程度の平坦な頂部をもつ大和堆(やまとたい)、北大和堆およびその南にある水深約二〇〇〇メートルの大和海盆および対馬海盆などで構成され、北半分と大きく異なっている(図27)。南半分は大陸の残片で、地殻も大陸性地殻である。それに対し、日本海盆は海洋性地殻である。

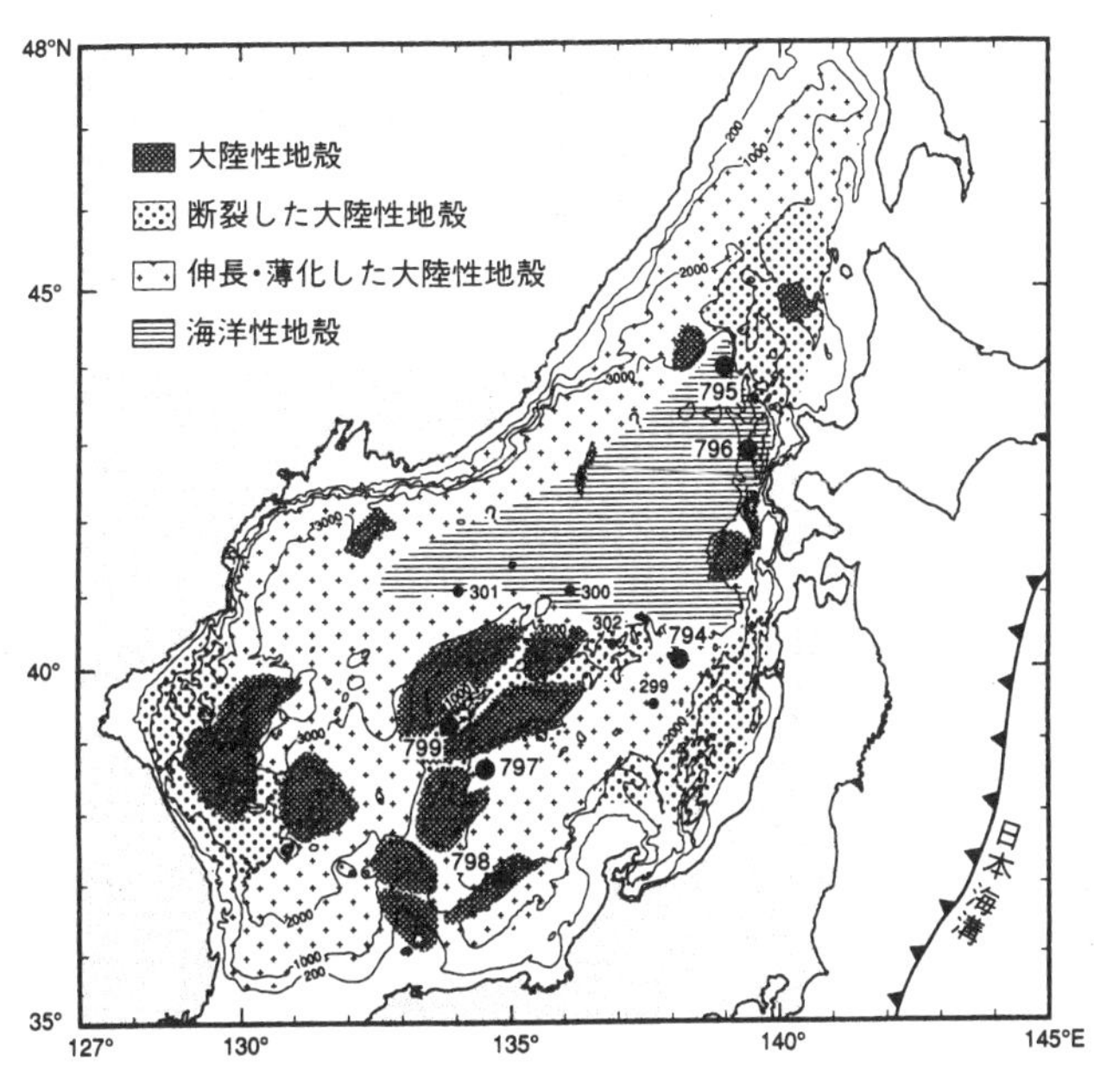

図 27　日本海地殻構造分布図（玉木、1992 より）

日本列島は二五〇〇万年前ごろまで、シホテアリン（沿海州）にあって、ユーラシア大陸の一部であったが、二〇〇〇万年前ごろ、リソスフェア（上部マントル）の突き上げにより割れ目ができた。割れ目は次第に拡大し、大陸から分離しはじめた。その後もリソスフェアの突き上げが続き、割れ目を広げ、大陸から離れ、一五〇〇万年前ごろ現在の位置に達し、大陸との間に日本海（縁海）ができた。

移動のしかたについては、古地磁気の研究などにより、ほぼ現在の糸魚川—静岡構造線を境に、東日本は反時計まわりに、西日本は時計まわりに回転しながら移動したようである。

では、なぜ現在の位置に止まったかと

写真 34　沿海州の日本海沿岸。古第三紀の酸性火山砕屑岩の崖

いうと、おそらく太平洋プレートが北に沈み込むとともに、伊豆・小笠原弧が北上し、日本海拡大の力と衝突する力が均衡したためと考えられる。

一方、日本海を研究してきた海洋研究者の玉木賢策（一九九二）は、日本海盆の海洋性地殻の問題を説明するために、日本海東縁部に大規模な横ずれ断層が生じ、それを通してリソスフェアの上昇により海洋性地殻を生ずるとともに、日本海拡大の原動力となったという説を提案した。ただ、大規模横ずれ断層が生じた原因は説明されていない。しかし、現在ユーラシアプレートと北アメリカプレートの境界とされている日本海東縁変動帯との関係があるかもしれず、興味がひかれる説である。

かつてロシアの沿海州の海岸に見学旅行で行ったことがあるが、海岸の断崖には日本の山陰地方にでている古第三紀や白亜紀の酸性火山岩とよく似た火山岩がでていたことが印象に残っている（**写真34**）。なお、北海道の東半分はオホーツク海（縁海）の拡大あるいは千島弧の衝突に関係があると思う。

大陸とつながったり離れたりした、第四紀時代の日本

第四紀更新世の始まりは、近ごろ二五八万年前に訂正された。約一六〇万年前には、日本列島の西南日本と朝鮮半島や琉球列島は陸続きで、北海道もサハリンとつながり、日本列島と大陸は陸続きであった。そのためアケボノゾウなどが渡ることができた。

更新世前期からは汎世界的に氷河時代が始まった。間氷期をはさみ、ギュンツ氷期、ミンデル氷期、リス氷期、ウルム氷期の四つの氷期に分けられている。氷期には極の氷が増えるので、海水が減少し、海水準（海面）が下がる。暖かい間氷期には、氷が解け、逆に海水が増加し、海水準が上がる。このような変化を海水準変動というが、そのため日本列島は大陸とつながったり、離れたりした。

ギュンツ氷期（四七万～三三万年前）のころは、日本列島は大陸とつながっていた。その後の間氷期には千島弧と琉球弧は島となり、オホーツク海と東シナ海ができ、日本列島は大陸と離れた。

ミンデル氷期（三〇万～二三万年前）には再び大陸とつながった（図28）。その後のミンデル・リス間氷期（二三万～一八万年前）には、温暖で、風化が進み、赤色土ができた。

リス氷期（一八万～一三万年前）には海水準が約一〇〇メートル下がり、津軽、宗谷、間宮、対馬海

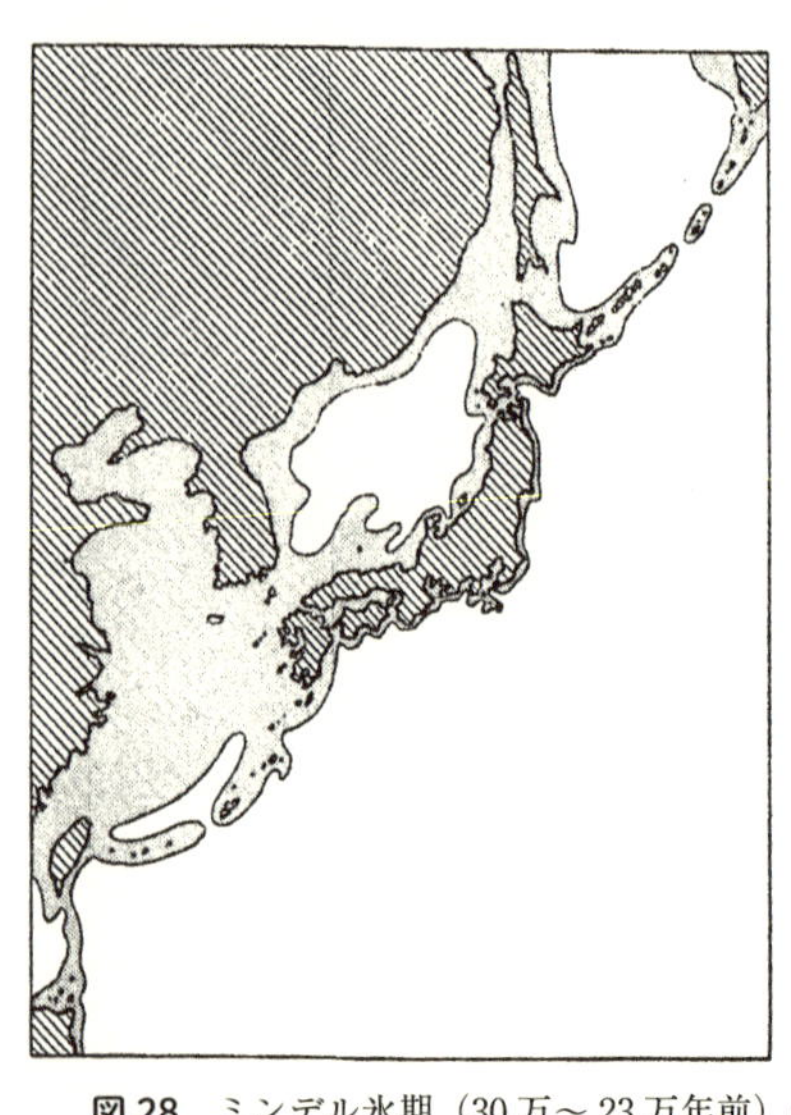

おもな氷期（万年前）	
1.5	
	ウルム氷期
7	
	リス・ウルム間氷期
13	
	リス氷期
18	
	ミンデル・リス間氷期
23	
	ミンデル氷期
30	
	ギュンツ・ミンデル間氷期
33	
	ギュンツ氷期
47	

図 28　ミンデル氷期（30 万〜 23 万年前）の日本列島（湊・井尻、1958 より）と氷期年代表

峡が陸化したが、陸橋（りっきょう）は狭く、また琉球列島は日本列島や大陸ともへだてられ孤立した。日高山地の幌尻（ぽろしり）岳には氷河ができた。日本海は完全に陸に囲まれ、内陸湖となった。

リス・ウルム間氷期の後、最終氷期のウルム氷期（七万〜一万五〇〇〇年前）の初めの六万〜四万年前ごろには日高山地のトッタベツ岳や日本アルプスに氷河ができた。ウルム氷期の最盛期（二万五〇〇〇〜一万七〇〇〇年前ごろ）が最も寒冷になった時代で、アルプス、日高山地に再び氷河ができ、海水準が最大一二〇メートル下がり、津軽、宗谷、間宮、対馬海峡に大陸とつながる陸橋ができた。間宮、宗谷海峡の陸橋をへてマンモスが北海道まで南下してきた。その後温暖となり、海水面が上昇し、陸橋は海水に覆われたが、間宮海峡はかなり後まで陸橋として残った。完新世（約一万年前）に入り、海水面はさらに上がり、現在の海岸線に近くなった。
瀬戸内海の前身は古琵琶湖から続く湖で、鮮新世末（約三〇〇万年前ごろ）にできたが、現在の瀬戸内海となったのは約二万年前ごろである。

縄文・弥生時代

人類が日本列島周辺にあらわれたのはウルム氷期の始まりの七万年前ごろからである。四万年前から一万五〇〇〇年前ごろまでが後期旧石器時代で、日本でも岩宿、野尻湖をはじめ各所から石器がでていて、文化的には石刃文化、尖頭器文化、細石器文化とよばれている。

一万五〇〇〇年前からが、中石器文化～新石器文化時代であり、日本の縄文文化の時代にあたる。旧石器文化から新石器文化にわたる細石器文化の時代には、狩猟には石鏃（やじり）をつけた矢が使用された。

縄文時代は、草創期（一万五〇〇〇～一万二〇〇〇年前）、早期（一万二〇〇〇～七〇〇〇年前）、前期（七〇〇〇～五五〇〇年前）、中期（五五〇〇～四五〇〇年前）、後期（四五〇〇～三三〇〇年前）、晩期（三三〇〇～二八〇〇年前）に分けられる（図29）。

早期から前期にあたる一万～五〇〇〇年前は現在より暖かく、海水面が上昇し、海水が陸地に進入し、

地質時代	時代	年代	時期	事項
完新世	弥生時代			
	縄文時代	2800（年前）	晩期	
		3300	後期	
		4500	中期	火焔土器
		5500	前期	三内丸山　縄文海進
		7000	早期	
更新世		1万2000	草創期	
	旧石器時代	1万5000	後期	岩宿、野尻湖 日高・アルプス氷河
		4万	中期	ウルム氷期
			前期	
		7万		リス・ウルム間氷期

図29　旧石器〜縄文時代の年代表

縄文海進とよばれている。縄文時代の遺跡は各地で見いだされ、当時の生活文化が再現されている。とくに東日本に多く、女性の土偶（長野県の縄文のビーナスや仮面の女神、山形県の縄文の女神）や青森県の合掌土偶が出土し、信濃川流域には火焔土器、火焔型土器が出土している。狩猟、採集のほか魚骨や貝塚などにより漁労も盛んであったことが知られ、また舟による交易も進んでいた。縄文遺跡のあたりにでている黒ボク土（腐植と微粒炭を含む土壌）は、原生林を焼き、疎林（草原）をつくり、食料を確保した名残りだといわれている（山野井、二〇一五）。

アスファルトの利用は石器時代の石鏃に始まり、縄文時代の土器の補修など東日本で盛んであったが、北海道西部、青森、秋田、山形、新潟の油田地帯は、アスファルトの原産地で、岩手、宮城、福島にも運ばれた。

二七〇〇年前ごろからが弥生時代で、朝鮮半島や中国大陸の前漢から文化が伝来した。稲作が始まり、また銅鏡、銅鐸、銅剣などの青銅器が伝わり、大陸からの集団移住も始まった。西暦紀元前一〇〇年ごろからは日本でも青銅器づくりが始まり、祭器や権力を示すための銅矛や銅鐸がつくられた。青銅器とほぼ同時に鉄器の使用も始まったが、実用的な武器、武具や農工具であった。

海を通して大陸との交流

紀元五七年倭の奴国王は中国の後漢に、二三九年邪馬台国の女王卑弥呼は魏に朝貢した。三世紀中葉からが古墳時代で、前方後円墳がつくられた。三九一年、倭軍が朝鮮半島に攻め入り百済、新羅を破ったが、四〇四年、高句麗と戦い敗北した。

五三八年、百済から仏像と経典が公式に伝来し、その後多くの百済人、新羅人が渡来し、仏教とそれにともなう文化（中国の文化も）が伝えられた。仏教伝来以後、古墳の築造は減退し、飛鳥寺などの寺院が建造されるようになった。

その後も交流が続いたが、六〇〇年代の遣唐使は、往きは朝鮮半島に沿い北上する北路をとり、帰りは東シナ海を横断する南路を通ったが、航海は困難をきわめ、多くの犠牲者がでた。南路は五島列島の福江島の三井楽湊や久賀島の田浦をへて博多湾の大津浦に帰着した。

もう一つのアジア大陸との交流は、六九八年に興った渤海との交流で、七二七年、最初の使節が出羽に漂着して以来、渤海が九二六年ごろに、遼に滅ぼされるまで、二〇〇年にわたり日本海を越えて続いた。

現在の極東にあたる渤海からの使節は、日本海の複雑な海流（対馬海流とリマン海流）の流れと季節風に翻弄されたものと思われる。渡来地は佐渡の馬場（相川）への漂着を含め、出羽（野代）から九州におよんだが、その後、航海術が進歩し、寄港地は能登や敦賀が多くなった。渤海は日本と唐の中継貿易の役割を果たした。能登の福良津（羽咋郡志賀町）、戸水（金沢市）、松原客館（敦賀市）と羽咋市寺家の気多大社は使者のうけいれだけでなく、奈良、京都への中継地としての役割を果たした。

◉古くから祭られた海の神

山の神については前述したが、ここで海の神について簡単に述べてみる。山の神と同様に海の神（海神）も古くから祭られていた。海神として代表的なのは、九州の宗像大社で、辺津宮（宗像市田島）、中津宮（宗像市大島）、沖津宮（玄界灘にある沖ノ島）の三神宮である。四世紀から平安時代まで六〇〇年にわたり、国家の安泰と海路の安全のため国がじきじきに祭った。沖ノ島には航海の安全を祈願した祭祀の遺跡があって、「海の正倉院」とよばれている。博多湾の志賀島の志賀海神社には綿津見三神が祭られている。宗像神社や沖ノ島と関連遺産群は「神宿る島」として、世界文化遺産に登録された。

大阪の住吉大社も海神を祭り、航海の安全と豊漁を祈願し、全国に二千数百の末社をもっている。伊勢湾の入り口の伊良湖水道にある神島の八代神社も海神を祭っている。神島は万葉集でも詠まれている。

隠岐の島前の焼火山は航海者の目印であったが、神体は焼火権現で山岳信仰と関係がある。

海岸の自然と景観

日本は国土の面積は、約三七万七九七二平方キロメートルで、大きくない（世界六二位）が、まわりを海に囲まれているので、海岸線の総延長が長く、約二万九七五一キロメートルで、世界第六位である。国土面積はアメリカの二四分の一にすぎないが、海岸線の長さはアメリカの一・五倍もある。そして、北緯四五度の冷帯の北海道から、北緯二四度の先島（さきしま）諸島の温帯（亜熱帯）まで広い気候帯をもっている。日本の海岸はウルム氷期以後の一万年前からの海水準変動によってつくられ、最終的には縄文海進をへて、完新世につくりあげられた。

山と違い、海岸は多くの人が海水浴に出かけたり、釣りに出かけたり、景色を眺めに行ったりして、普通に接する所である。いうまでもなく、海水浴に出かける所は遠浅の砂浜である。砂浜の奥には、住居地を波や風から守るため砂防林（松林やニセアカシア林など）がつくられている場合が多い。砂浜は砂防林と一体になってきれいな渚（なぎさ）をつくっている。

海岸に平行して砂丘がある所がある。砂丘には五万〜三万年前にできた古砂丘と、一万年前以降にできた新砂丘がある。有名な鳥取砂丘は古砂丘である。砂浜は河川により運ばれてきた砂が広がってたまってできるが、砂丘は海岸の砂が春先に吹く北西の季節風により移動して形成されるので日本海側に多い。

海岸平野と砂丘――川が運ぶ土砂がつくる

約一万年前ごろから次第に上昇してきた海面は、約七〇〇〇年前には海抜一〇メートルぐらいまでになった。その海底に川が運んできた土砂がたまり、そして海が退くとそこは海岸平野になった。日本の代表的な海岸平野は、越後平野、関東平野、濃尾平野である。その他に東日本には、石狩平野、十勝平野、津軽平野、秋田平野、庄内平野、仙台平野がある。

越後平野は信濃川、阿賀野川、加治(かじ)川、胎内(たいない)川、荒川などの河川が運んできた土砂が、最終氷期の海水面低下期につくられた浸食谷を埋めるようにして形成されはじめた。縄文早期〜中期には砂丘ができはじめ、その後背地は三角州(氾濫原)やラグーン(潟、潟湖)になり、砂丘は何列もできた。その状態が約一〇〇〇年前ごろまで続いた。その後ほとんど人の力で干拓され、平野(沃野)になったのである。庄内平野、津軽平野も同様に、砂丘に囲まれた潟に川が運んできた土砂が埋積してできた。

関東平野の平地は台地と低地で構成され、そのまわりに丘陵が発達している。台地は、武蔵野台地、下末吉台地、大宮台地、下総台地などで、最終間氷期の海面上昇（下末吉海進）期に形成された海成層や扇状地からなる中位段丘で、関東ローム層に覆われている。低地は、利根川、江戸川、荒川、多摩川などの河川の自然堤防や氾濫原や沿岸の海岸平野で、沖積層が堆積している。

西日本にはそれほど大きな平野はないが、富山平野、金沢平野、大阪平野、播磨平野、岡山平野、讃岐平野、高知平野、筑紫平野、宮崎平野などがある。

富山平野は北アルプスの北端から流下する黒部川、片貝川、早月川、常願寺川、神通川のつくった扇状地がつながった平野で、片貝川の川口近くに二〇〇〇年前の魚津埋没林がある。常願寺川の本流は四七キロメートルと短く、河床勾配は大きく、大量の土砂を運び、幅約一〇キロメートル、標高差約一五〇メートルの扇状地をつくっている。

富士川、安倍川、大井川、天竜川のつくった平野も同様な平野である。

濃尾平野は木曽川、長良川、揖斐川がつくりあげた。上流の扇状地地域、小河川のつくる自然堤防地域、後背沼地地域をへて、下流の三角州（デルタ）が形成された、複合された平野である。大阪平野も似たようなでき方が考えられる。これら本州の平野と異なるのは北海道の泥炭地平野の石狩平野である。ここはもともとは泥炭地であった所を農作地として改良したものである。平野の末端には海浜や海岸砂丘ができている。

きれいな海浜（砂浜）は、襟裳岬の百人浜（北海道幌泉郡えりも町）、七里長浜（青森県つがる市）、大須賀海岸（青森県八戸市）、九十九里浜（千葉県）、千里浜（石川県羽咋市、羽咋郡）、気比の松原（福井県敦賀市）、恋路ヶ浜（愛知県田原市）、琴引浜（京都府京丹後市）、弓ヶ浜（鳥取県境港市、米子市）、琴ヶ浜（島根県大田市仁摩町）、虹ヶ浜（山口県光市）、虹の松原（佐賀県唐津市）、吹上浜（鹿児島県南さつま市、日置市、いちき串木野市）、入野松原（高知県幡多郡黒潮町）などである。

恋路ヶ浜で柳田国男が拾った椰子の実の話を島崎藤村が聞いて、「椰子の実」の詩をつくり、それが歌曲になった。琴ヶ浜と琴引浜は鳴き砂で知られている。鳴き砂は踏むときゅきゅと音がする、石英質の、まじりけのない砂である。千里浜は遠浅の海岸に沿い延長八キロメートル、幅五〇メートルほどの細粒の砂の浜が続くが、海水を含むとよくしまり、なぎさドライブウェイとなっている。

しかし、多くの河川にダムがつくられるなど、海岸への砂の供給が減り、各地の砂浜が消失の危機に見舞われている。とくに九十九里浜や三保の松原（静岡市）は浸食が進んだ。

日本海側の海岸平野には、冬から春先に吹く強い北西の季節風により海岸砂丘がよく形成されている。古砂丘は、九州の唐津砂丘、玄海砂丘、山陰の出雲砂丘、鳥取砂丘、能登の内灘砂丘、新潟の潟町砂丘、青森の津軽砂丘である。新砂丘は日本海側では手取川、浅野川などによる金沢平野、信濃川、阿賀野川による越後平野、最上川による庄内平野、雄物川による秋田平野、米代川による能代平野、岩木川による津軽平野などのへりの海岸に形成されている。

内灘砂丘ではやや赤味をおびた古砂丘の上に新砂丘が重なっており、新潟の潟町砂丘や庄内の砂丘では新古砂丘が平行になっている。有名な天然記念物の鳥取砂丘は、砂丘の上に五万五〇〇〇年前に噴出した大山倉吉火山灰がのっているので古砂丘であることが明らかで、新砂丘はのっていない。

太平洋側には砂丘は少ない。薩摩半島の西岸の吹上浜や天竜川が海に注ぐ所から御前崎までの日本最長の遠州大砂丘（浜岡砂丘などの総称）があるが、やはり西風が砂を運んでできたものである。長大な九十九里浜には細長い潟を仕切った数列の砂堤があるが、その上に砂がのっているだけである。鹿島灘の南方、利根川の出口の北にある波崎海岸にはわずかに砂丘がある。

砂浜のほかに、小石を敷きつめた海浜もある。碁石海岸（岩手県大船渡市）には、白亜紀の大船渡層群の粘板岩由来の黒い碁石のような小石が広がっている。七里御浜（三重県熊野市、南牟婁郡）には、色とりどりの御浜小石や那智黒とよばれる四万十帯の緻密な粘板岩の真っ黒な小石が浜辺に広がっている。桂浜（高知市）の石は五色の小石といわれ、秩父帯や四万十帯の硬い岩石が運ばれてきて、海岸で波によって丸く磨耗されたものである。黒ヶ浜（大分市佐賀関）は蛇紋岩の小石の浜である。新潟県に近い富山県の朝日町の海岸はヒスイ海岸とよばれ、礫の中にヒスイの原石がまじっている。新潟県糸魚川市の海岸でもヒスイの原石を採集できる。

岩石海岸――日本の海岸の七〇パーセントを占める

日本では砂浜や砂丘はかならずしも多くなく、おそらく岩石海岸が七〇パーセント以上であろう。岩石海岸にはいろいろな景勝地がある。岩石は種類や風化作用などによって、いろいろに変化するが、長い間の波、風雪による浸食、台風や季節風による浸食などによる変化も大きい。そのため太平洋側と日本海側でかなり異なっている。

岩石海岸には、日本列島形成の数億年にわたる長い歴史の間につくられた、いろいろな岩石がでている。

日本列島の中の大きな構造線（大断層）は中央構造線と糸魚川—静岡構造線で、比較的新しい顕著な変動帯が日高帯である。四国の西側の佐田岬半島や渥美半島の海岸線は東西方向の中央構造線と同じ方向に延びている。北海道の北と南のとがり方はサハリンに連なる方向を示している。

北海道や山陰の日本海側には、新第三紀中新世前期〜中期に噴出し、緑色に変質した火山岩（グリーンタフ）や中新世末〜鮮新世の火山岩、さらに新しい火山の噴出物がでていて、いろいろな岩石海岸をつくっている。

九州から紀伊半島までの太平洋側には四万十帯（白亜紀〜古第三紀）の砂岩、頁岩を主とする地層、いわゆる付加体が分布していて、似たような岩石海岸をつくっている。このように日本列島形成の歴史を反映していろいろな海岸地形ができ、いろいろな岩石がでていて景観をつくっているのである。

日本三景は海の景観

日本三景はすべて海の景観で、松島は沈降海岸、天橋立は砂州、宮島は瀬戸内海に浮かぶ一つの島である。

奈良時代や平安時代には、すでに奈良、京都に近い須磨の浦、白浜（紀州）などのほかに、国府多賀城に近い陸奥の国の籬（まがき）が島（塩釜湾内の小島）や塩釜の浦、野田の玉川、末の松山（宮城県多賀城市）が知られていた。平安時代の初め、源融（みなもとのとおる）（八二二―八九五）がつくった河原院には塩釜の風景を模した庭があって、毎月、難波の海水二〇石を運ばせていたといわれている。十三世紀初めの『新古今和歌集』に、能因法師の「夕されば潮風越して陸奥（みちのく）の　野田の玉川　千鳥鳴くなり」という歌が収められている。

一六八九（元禄二）年、松尾芭蕉も塩釜の浦や野田の玉川や松島を訪れたことを『奥の細道』に書いているが、「松島や　ああ松島や　松島や」というのは後の時代に田原坊という狂歌師がつくったもので、芭蕉は松島では一句もつくらなかった。

松島湾には大小二六〇ほどの島々が浮かんでいる。北西―南東方向の多くの断層で切断された地盤が沈降し、そこに海水が進入し島々が形成された、一種の多島海地形である。島々をつくっている岩石は、新第三紀中新世の松島層である。灰白色の凝灰岩は波で削られ、海食崖や海食洞やノッチ（波食窪）などの浸食地形が生じた。島々は、その奇怪な形から、仁王島、兜島、蓬萊島などとよばれている。

天橋立は、北東方向に延びた宮津湾の奥に、日本海からの沿岸流により運ばれてきた砂が北東方向に次々と堆積してつくった砂州で、阿蘇海を閉じこめている。桂離宮の庭園には、この自然を模して天橋立がつくられている。

宮島の厳島神社は推古天皇が創建したと伝えられている。社殿の基礎は、一一六八年に平清盛の修復により確立したもので、社殿は寝殿造りの面影を残している。清盛は弥山(みせん)(須弥山)を築山(つきやま)に、前の海を庭園の池泉になぞらえたといわれている。現在の社殿は一五七一年に、毛利元就により修復されたものである。宮島では白亜紀の花崗岩の風化によりできた白い砂(マサ)が海に洗われている。日本三景は今でも景勝地で、厳島神社は世界文化遺産に登録された。

海岸が対象の国立公園、国定公園(図30)

山の公園とは反対に、海の公園は東日本より圧倒的に西日本に多いようである。海岸の美しい日本の国立・国定公園を図30に示した。

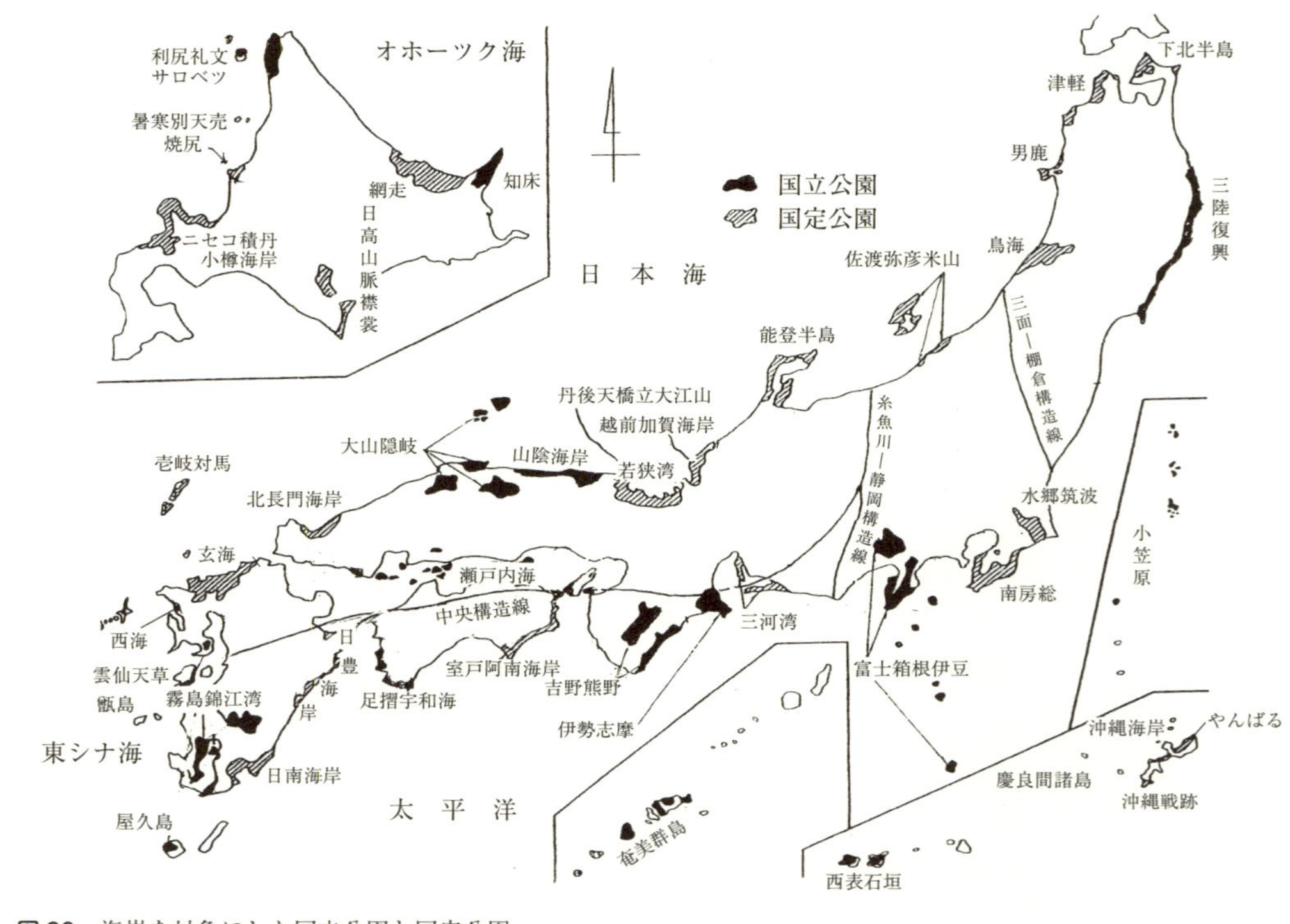

図 30　海岸を対象にした国立公園と国定公園

地形と地質からみた日本の岩石海岸

日本の海岸は、都市化が進まず自然のままの所はすべて美しく、甲乙がつけられないくらいである。それらのすべてを取り上げるわけにはいかないので、国立・国定公園をおもな対象に、よく知られた海岸で、私が訪れたことのある所について、地形、地質からみた特徴を述べる。天然記念物に指定されている所も、地学的に貴重であるだけでなく、景観もすぐれている所が多いので示した。大きく太平洋側と日本海側に分けるが、その他にオホーツク海側、東シナ海側および瀬戸内海や島原湾などのように、それからはずれる所もある。

日本海という縁海に面する海岸と太平洋に面する海岸を比べると、海の大きさだけでなく、気象条件の違いが際立っている。三カ月以上荒れ狂う冬の日本海では風浪により岩は砕かれる。これは北の礼文・利尻島から南の隠岐諸島まで共通している。

それに対し、太平洋側の海岸、とくに南西諸島、九州、四国などの海岸は、毎年のように凄まじい台風の大波にさらされるが、一過性である。このような海の様相は海岸の景観に反映している。

オホーツク海側の海岸

オホーツク海に面する知床半島は、知床国立公園となって、世界自然遺産に登録された。東北方向につきでた半島は国後島と平行している。原生林とそこに棲息するエゾヒグマ、エゾシカ、シマリス、シマフクロウなどの動物と毎年海岸に寄せる流氷が、この公園の目玉になっている、半島の尾根には知床岳、知床硫黄山、羅臼岳などの第四紀火山がある。

新しい火山の噴出物は海岸近くまで分布しているが、海岸に多く露出しているのは中新世のグリーンタフやそれを貫くオシンコシンなどのドレライトの岩脈で、横になっている節理の産状から俵石とよばれている。北西海岸のウトロから知床岬にかけては、一〇〇～二〇〇メートルの海食崖が続いている。知床岬付近には鮮新世の礫岩が分布しているが、それを無数の岩脈が貫いている。岬の尖端に段丘が発達し草原となっている。知床岳の北麓の海岸段丘の中の一〇〇平方メートルはトラスト運動により保存されている。

オホーツク海沿岸にある網走国定公園の中のサロマ湖、能取(のとろ)湖、濤沸(とうふつ)湖は砂州に閉じこめられた内海で、能取湖、濤沸湖には、草花が群生する原生花園がある。原生花園とは、人が手を加えずに自然のまま残した所で、色鮮やかな花が咲く湿地帯や草原のことである。サロマ湖より北の宗谷岬までは単調な海岸である。

根室海峡につきでた全長二六キロメートルの鎌のような野付(のつけ)半島は砂嘴(さし)で、取り囲まれているのは野付湾(尾岱沼(おだいとう))である。

野付半島は日本最大の砂の半島で、国後島に最も近い。国定公園ではないが、根室半島のつけねあたりにある風蓮湖(ふうれんこ)も砂嘴に閉じこめられた海跡湖である。

東日本の太平洋側の海岸

北海道の太平洋側の海岸（図6参照）

根室半島から広尾までの海岸は、浜中湾や厚岸湾を除くと、単調な砂浜である。

その西方には日高山脈襟裳国定公園の一部（襟裳岬）があるが、襟裳岬の先端部の東海岸は百人浜とよばれ、最大幅二〇〇メートルで、一〇キロメートルほど続いている。岬の北西二〇キロメートルの様似の河岸に日高帯の幌満かんらん岩がでている。

襟裳岬から浦河付近までに白亜紀の蝦夷層群がでている。その西の鵡川までは中新世の地層がでている。

苫小牧の西方の白老川付近からは支笏火山の火砕流堆積物や倶多楽火山の溶岩などのつくる岩石海岸である。室蘭から駒ヶ岳の間の海は内浦湾（噴火湾）で、海岸は新第三紀の火山岩（グリーンタフなど）や泥岩のつくる岩石海岸である。駒ヶ岳火山の噴出物は海岸まででている。その南にも新第三紀層がでているが、岬の尖端は恵山火山の噴出物である。

東北日本の太平洋側の海岸

北海道の対岸の下北半島国定公園には恐山とむつ燧(ひうち)岳の火山がある。半島の東北端の尻屋崎にはジュラ紀の石灰岩、北端の大間崎には中新世中期の佐井層の堆積岩がでている。半島の西部の陸奥湾に面する名勝地、仏ヶ浦（アイヌ語で仏宇多(ほうた)）には、中新世中期の白土山(はくどやま)層のやや緑色をおびた灰白色の岩がでている。流紋岩質凝灰岩が割れ目に沿って波浪や風雨による浸食をうけて刻まれ、仏像のように見える高さ一〇数メートルの岩石群で、一・五キロメートルにわたり立っている（写真35）。

八戸から南の太平洋に面した海岸には、二つの特徴的な海岸地形が見られる。一つは三陸海岸のリアス式海岸で、もう一つは福島県の浜通りの隆起海岸である。この隆起海岸にはほぼ水平な鮮新世の泥岩、砂岩、礫岩（鮮新世の大年寺(だいねんじ)層）がでていて、それとその上の海岸段丘堆積物のへりが切断、浸食され、直線状の単調な海岸をつくっている。北北東に近い海岸の方向は双葉断層の方向に近い。

三陸海岸の北部も隆起海岸でやや似ているが、段丘堆積物の下は白亜紀の火山岩や花崗岩などで、段

写真 35 下北半島、仏ヶ浦の柱状のグリーンタフの奇景。青森県佐井村

丘の高度が大きく、段丘面に起伏がある点が異なっている。

青森県の八戸市から、宮城県の牡鹿(おじか)半島や金華山までが、二〇一一年の東日本大震災後、三陸復興国立公園と名前を変えた。この国立公園に含まれる太平洋に面した海岸は親潮に洗われる海岸で、夏季は山せに襲われ、冷害がしばしば発生した。

大きくみると、岩手県宮古以南がリアス式海岸で、以北は八戸まで高い海岸段丘が発達する隆起海岸である。リアス式海岸は、氷期の海水面低下期にできた河谷が間氷期の海水面上昇により沈水した海岸である。

宮古以北の地質は古生層が混在するジュラ紀層と安山岩、デイサイトを主とする白亜紀前期の原地山層、それに貫入する花崗岩で、宮古から田老(たろう)までの海岸には化石の多い白亜紀前期後半の砂岩、礫岩を主とする宮古層群が所々にでている(図10参照)。また久慈付近には白亜紀後期の砂岩、礫岩、泥岩を主とする久慈層群がでている。その上には砂岩、礫岩で、石炭層をはさむ古第三紀の野田層群が重なっている。この地層からは琥珀がでる。

かつて旧工業技術院地質調査所に勤めていたとき、五万分の一地質図幅「陸中野田」「田老」および「気仙沼」をつくるため三陸海岸地域を歩いた。その後も花崗岩や変成岩を調べるために、北部北上に通ったので、三陸海岸は熟知している。

宮古以北の最大の絶景は、硬い白亜紀の原地山層の火山岩がつくる北山崎の大断崖と鵜ノ巣断崖である。北山崎は高さ二〇〇メートルの海食崖が八キロメートルほど続いている(写真36)。おそらく日本一

写真36　陸中海岸、北山埼の白亜紀火山岩の大断崖。岩手県田野畑村

の断崖だと思われる。私は小舟で調査したことがあるが、岸に着けるのに苦労した。

宮古のすぐ北の田老の三王岩（さんのう）は、白亜紀の宮古層群の砂岩頁岩層が割れ目に沿って浸食されたが、かろうじて残った柱状の岩で、水平に近い白亜紀層が見事である（**写真37**）。この地層は花崗岩の上に不整合にのっていて、花崗岩はそれより古いことがわかる貴重な露頭である。宮古の浄土ヶ浜や閉伊（へい）崎にでている白い岩は古第三紀の流紋岩である。宮古の北の鍬（くわ）ヶ崎には潮吹穴（海食洞）やローソク岩（岩脈）がでている。

宮古以南の海岸には、中生層（一部古生層）と白亜紀の火山岩とそれらに貫入した花崗岩が分布している。

重茂（おもえ）半島の魹（とど）ヶ崎は、東経一四度二分、本州最東端に位置している。白亜紀の硬い火山岩がでていて、太平洋の荒波が洗っている。船越半島の赤平金剛の

写真 37　白亜紀の宮古層群の三王岩（砂礫岩）。岩手県宮古市田老（三陸ジオパーク推進協議会提供）

絶壁は花崗岩で、千畳敷では水平な節理面を波が洗っている。

大船渡湾の先端、末崎(すえざき)半島の東岸にある穴通磯(あなとおしいそ)とよばれる海食洞は、白亜紀の大船渡層群のつくる奇景である（**写真38**）。西に急傾斜した砂岩と頁岩の互層の中に、海食により層理面に沿って削りとられた三つの穴があいている。この半島の先端に碁石海岸がある。大船渡湾内には、全体がアカマツの自然林で覆われた珊瑚島が浮かんでいる。この島は大船渡層群の砂岩、礫岩、頁岩でできている。

唐桑(からくわ)半島にある巨釜(おおがま)半造には高さ一六メートルの三角柱状にそそり立つ折石(おれいし)（石灰岩）の奇景や板状節理の八幡岩がある。

気仙沼湾の西南にある岩井崎の潮吹岩などは、古生層の石灰岩や大理石がつくる景勝地である。気仙沼湾に浮かぶ大島の東岸には、十八鳴(くぐなり)浜とよばれる鳴き砂の浜がある。

写真 38 陸中海岸、大船渡湾の穴通磯。白亜紀の大船渡層群中の海食洞
岩手県大船渡市

中生層でできている、背骨のような牡鹿半島、花崗岩の島である金華山の千畳敷の海岸も見事である。

三陸海岸は、山が海岸まで迫り、流入する大きな川がなく、しかも岩石が全体として硬質なため、海は清澄である。そのため海面養殖に適し、うに、ほや、あわび、わかめなどの海産物が豊富である。

陸前高田市の椿島や宮古湾の佐賀部（さがべ）はウミネコの繁殖地、釜石湾の三貫島（さんがん）はオオミズナギドリ、ヒメクロウミツバメの生息地である。気仙沼湾の大島や椿島は四季を通じて穏やかな気候で、椿がよく繁茂している。

三陸海岸は、一八九六（明治二十九）年の明治三陸地震、一九三三（昭和八）年の三陸沖地震、一九六〇（昭和三十五）年のチリ地震と、三回も大きな津波に襲われた。そのため田老をはじめ多くの海岸に防潮堤がつくられ、自然の景観が少しそこなわれた。

ところが、二〇一一（平成二十三）年三月十一日、マグニチュード九・〇の東北地方太平洋沖地震が起きた。太平洋岸は震度六前後であったが、その三〇分後におしよせた大津波により、甚大な被害をうけた。範囲は八戸市から千葉県南房におよんだ。私が調査でお世話になった野田村の方のご自宅や田老の旅館も津波で流されてしまった。

四月七日の余震（M七・二）で、郷里の一関が震度六となり、実家が少し被害にあったので帰郷した。その際、一日、一関から室根山の北側の山の中の迂回路を通る臨時バスで災害地の大船渡まで出かけた。大船渡湾の被害も大きかったが、帰路に陸前高田を車で通ったら、市街地は完全に破壊され、高田の松原に残っている一本の松の木を見て唖然とした。気仙沼からは電車が通じていた。翌年、気仙沼の被災地を訪れた。

陸前高田市の高田の松原は、一六六七（寛文七）年、地元の豪商、菅野杢之助が潮害から耕地を守るために、六一九八本の松を植えたのが始まりである。三四〇年間、三度の津波に耐え、長さ一・八キロメートル、七万本のクロマツを主とした松林があった（写真39a）。しかし、今回の津波で流され一本だけ残ったのである（写真39b）。高田の少し南、唐桑半島の北端の山に、広田湾を北上してきた津波の遡上した痕が残っていた（写真40）。

リアス式の三陸海岸（岩石海岸）の各地の堤防は破壊されてしまった。しかし、景観をつくっていた北山崎、三王岩、穴通磯、巨釜半造などは無傷であった。自然の造形物の強靭さを痛感した次第である。

松島については日本三景の一つとしてすでに述べた。松島湾の外側にある宮戸島、浦戸島、桂島などは津波の被害をうけたが、これらの島々は湾奥の松島や塩竈の防波堤の役割をしてくれた。仙台湾の沖

写真 39a　東日本大震災前の高田の松原。岩手県陸前高田市

写真 39b　震災後、一本残った松。陸前高田市

写真40　津波の爪痕（遡上高さの痕）。唐桑半島北部。陸前高田市

積平野では、津波は奥まで遡行し、大きな被害がでた。仙台湾の海岸平野は阿武隈川や名取川のつくった沖積平野である。

福島県相馬市には松川浦という潟湖があるが、それより南は高さ一〇〇メートル以下の平らな丘陵と段丘である。海岸線は直線的、直接海に面した部分は比高三〇～四〇メートル程度の垂直な海食崖で、いわき市塩谷崎付近まで続いている。崖の地層は鮮新世の水平な泥岩層（大年寺層）で、その上に段丘礫がのっている。

双葉断層に平行な直線状の海岸はリアス式の三陸海岸と対照的である。いわき市の南の小名浜付近に沖積平野があるが、古第三紀のかつての常磐炭田地帯の海岸も直線的である。那珂（なか）川の河口の茨城県の大洗から南は鹿島灘に面する沖積海岸で、利根川の河口の銚子（千葉県）まで続いている。

海食崖の地域は比較的津波の被害が少なかったが、

相馬市から南相馬市原町あたりまでの小河川で刻まれた沖積地は大きな被害をうけた。
四〇メートルほどの平らな台地を、海水を取り入れやすくするために二五メートルほど掘りこみ、海水面の上一〇メートルほどの敷地につくった福島第一原子力発電所は、もろに一五メートルの津波に襲われた。

房総半島の海岸

犬吠埼と鹿島付近は水郷筑波国定公園に含まれる。鹿島灘と九十九里浜の尖端にある犬吠埼には白亜紀層（浅海堆積物）がでている。犬吠埼の南西側の屏風ヶ浦には鮮新世の砂岩、泥岩の飯岡層が海食崖をつくっているが、この直線的な海食崖は年々後退している。

南房総国定公園は、おもに堆積岩が分布しているめずらしい海岸で、砂岩、泥岩が海岸の景観をつくっている。鴨川付近に蛇紋岩がでているが、この付近が一つの構造帯、葉山—嶺岡(みねおか)構造帯である。蛇紋岩とともに斑れい岩、角閃石片岩、玄武岩の枕状溶岩や岩床がでており、さらに古第三紀の嶺岡層群の硬い頁岩、砂岩とその互層、チャート、石灰岩が東西方向に分布している。

その南には中新世前期の砂岩、泥岩を主とする保田(ほた)層群が分布している。中新世〜鮮新世の三浦層群や鮮新世〜更新世の上総(かずさ)層群も砂岩、泥岩が主で、東西方向に褶曲をくりかえして分布している。

ところが、近年の研究によると、嶺岡帯の南側の複雑な構造をした堆積岩はフィリピン海プレートがつくった付加体だそうだ。館山の野島崎の海岸には堆積岩が浸食された海食崖や海食洞がある。

伊豆半島の海岸と伊豆諸島

富士箱根伊豆国立公園の南部の伊豆半島の東海岸では、第四紀の多賀、大室、天城火山の溶岩が海まで流れだしている。熱海の錦ヶ浦は多賀火山の溶岩のつくる絶壁で、伊東の南の城ヶ崎海岸は大室火山の玄武岩溶岩のつくる海食崖である。

大室火山は単成火山である。大室山は底面の直径が一キロメートル、比高三〇〇メートルの美しい大型のスコリア丘で、山頂には直径二五〇メートル、深さ四〇メートルのすり鉢型の火口があって火口のへりを歩くことができる。

西海岸の土肥(とい)から下田にかけての海岸には、中新世中期の湯ヶ島層群のグリーンタフと、その上に重なる白浜層群の安山岩溶岩、デイサイト質火砕岩、砂岩などが分布している。

西海岸の西伊豆町の黄金崎(こがね)は白く変質した安山岩の断崖で、夕日が当たると黄金色に輝くので黄金崎と名づけられた(写真41)。堂ヶ島付近は、白浜層群のデイサイト質凝灰岩や砂岩と堂ヶ島火山岩の海食崖で、白浜層群の細かい縞模様を示す平行葉理や斜交葉理やいろいろな堆積構造が見られる。天窓洞(てんそうどう)は、

写真41　伊豆半島西海岸の黄金崎。湯ヶ島層群の変質した火山岩
静岡県西伊豆町（旧賀茂村）

デイサイト質凝灰岩の天井のあいた海食洞である（**写真42**）。天窓洞のやや沖合にある三四郎島は、柱状節理のあるデイサイト溶岩でできている。

波勝崎から雲見の浅間崎の間はデイサイトの貫入岩のつくる絶壁で、海食洞（千貫門）もある。石廊崎は中新世の白浜層群の安山岩溶岩の海食崖で、西方の入間には千畳敷がある。下田の東方にあたる須崎半島の爪木崎は、ガラス質の須崎安山岩の溶岩の柱状節理が見事で、俵に似ているので俵磯とよばれている。

この国立公園は南に延び、伊豆・小笠原弧の北部となり、東側の列には、北から伊豆大島（三原山）、三宅島（雄山）、御蔵島（御山）、八丈島（東山と西山）など玄武岩の火山島があり、西側の列には、玄武岩、安山岩、流紋岩の利島と流紋岩を主とする新島、式根島、神津島の火山島がある。

さらに南方の小笠原国立公園の父島列島、母島列

写真 42　堂ヶ島の天窓洞。白浜層群のデイサイト質凝灰岩
西伊豆町

島には、古第三紀の、安山岩の一種である無人岩（むにんがん）（ボニナイト）がでている。小笠原諸島は、英語では無人諸島がなまり、ボニン諸島とよばれているが、ボニナイトはそれにちなんだ名前である。島の一部に、古第三紀の、厚い円盤状なので貨幣石といわれるヌムリテス化石を含む石灰岩がある。

父島の南西約一キロメートルにある無人島、南島には隆起珊瑚礁の沈水カルスト（石灰岩地形）があり、陰陽池（おんようち）は石灰岩が溶けて生じたまるい凹地、ドリーネの一つである。

西日本の太平洋側の海岸

紀伊半島の海岸

糸魚川―静岡構造線は、新第三紀以後の東北日本と西南日本を分ける大構造線（断層）である。西南日本を外帯と内帯に分ける中央構造線は、諏訪湖付近から南下し、長野県の大鹿、静岡県の水窪（みさくぼ）を通り、その西方では南北から東西に近くなり、豊橋、伊勢へと通じている。一方、分岐線は南下して大井川付近に達している。

渥美半島は中央構造線に平行している。渥美半島と知多半島に囲まれた三河湾が三河湾国定公園である。渥美半島には秩父帯の岩石、蒲郡（がまごおり）付近には領家帯の変成岩がでている。知多半島には新第三紀の堆積岩がでている。しかし海岸部は第四紀層に覆われている。

伊勢志摩国立公園の英虞（あご）湾、五ヶ所湾はリアス式海岸である。伊勢付近にでている岩石は三波川帯の

写真43　橋杭岩。石英斑岩の岩脈。和歌山県串本町

結晶片岩で、二見浦の夫婦岩の大岩は緑色片岩、小岩は石英片岩である。英虞湾、五ヶ所湾には四万十帯の頁岩、砂岩がでている。伊良湖水道に浮かぶ神島には三波川帯の緑色片岩と秩父帯の石灰岩が露出し、カルスト地形や鍾乳洞がある。

五ヶ所湾の南の吉野熊野国立公園にもリアス式海岸が続き、その端が奇景、鬼ヶ城である。鬼ヶ城は流紋岩質凝灰岩が浸食された海食洞の崖で、獅子岩も同じである。

その南には直線状の熊野浦（七里御浜の礫浜）が熊野川の河口付近まで続く。この浜には毎年七月ごろ、ウミガメが産卵のために上陸する。なお、尾鷲付近から新宮をへて勝浦付近まで、南北に第三紀中新世（一五〇〇万〜一四〇〇万年前ごろ）の熊野火山―深成複合岩体が分布している。勝浦の西方に那智の滝がかかる。その北東の楯ヶ崎では花崗斑岩の柱状節理が見事である。

写真44　さらし首層。牟婁層群。串本町

太地から南に分布するのは新第三紀中新世の熊野層群で、燈明崎には砂岩、泥岩がでている。紀伊半島の尖端、串本の南の潮岬には玄武岩、斑れい岩、石英斑岩が露出し、紀伊大島には流紋岩がでていて、流紋岩の海食洞が見られる。串本には熊野層群を貫く海食を免れた橋杭岩（石英斑岩の岩脈）が突出し、大島の方向に七〇〇メートルほど延びている（**写真43**）。

串本町の枯木灘海岸には四万十帯の牟婁層群（古第三紀〜新第三紀、五〇〇〇万〜二〇〇〇万年前）がでている。田並付近の波で平らにされた波食台をつくる泥岩の上に、大小さまざまな丸味をおびた岩の塊が突出していて、さらし首を並べたようだと「さらし首層」とよばれている地層がでている（**写真44**）。付加体によってできた大陸側斜面が崩壊して土石流が発生し、礫が泥岩の中に入り込んでできたものと考えられている。また、和深の付近には「フェニックス褶曲」とよばれる水飴のように曲がった褶曲が見られる（**写真45**）。

写真 45　フェニックス褶曲。牟婁層群の砂岩（鈴木博之氏提供）

写真 46　紀州白浜海岸の中新世田辺層群の砂岩の絶壁

プレートの沈み込みにより堆積物が陸側におしつけられ、付加体となったとき、折り畳まれてできた褶曲である。白浜の海岸には中新世の田辺層群の堆積岩が絶壁をつくっている（**写真46**）。

紀伊半島の海洋性堆積物を含む付加体は、紀伊半島の中央の龍神（りゅうじん）地域にでている。西部の海岸には付加体の上にできた凹みに堆積した砂や泥からなる前弧海盆堆積物がでているが、鯨や貝などの這いあと（生痕）ができていて、比較的浅い海であったことを示している。白浜海岸の堆積物（田辺層群）はそのような海に堆積したものである。なお、紀伊半島の海岸では四国の海岸に見られるような見事な付加体は観察できない。

四国から南九州の海岸

四国の太平洋側では、白亜紀の四万十層群のつくる海岸を黒潮が洗っている。室戸阿南海岸国定公園の室戸岬より東の海岸は北北東―南南西の方向の単調な海岸で、急崖を示す部分（千羽（せんば）海崖）もあって、四万十帯の砂岩、頁岩、チャートがでている。牟岐（むぎ）にはメランジュ（混在岩）がでている。室戸岬では、乱泥流によって形成されたタービダイト（砂泥互層）がプレートの運動によって付加体となり、垂直に立っている。また、中新世（約一四〇〇万年前）に四万十帯に垂直に貫入したかんらん石斑れい岩体が水平になっている。室戸岬には地震の隆起と海水準変動による見事な海岸段丘が発達している。

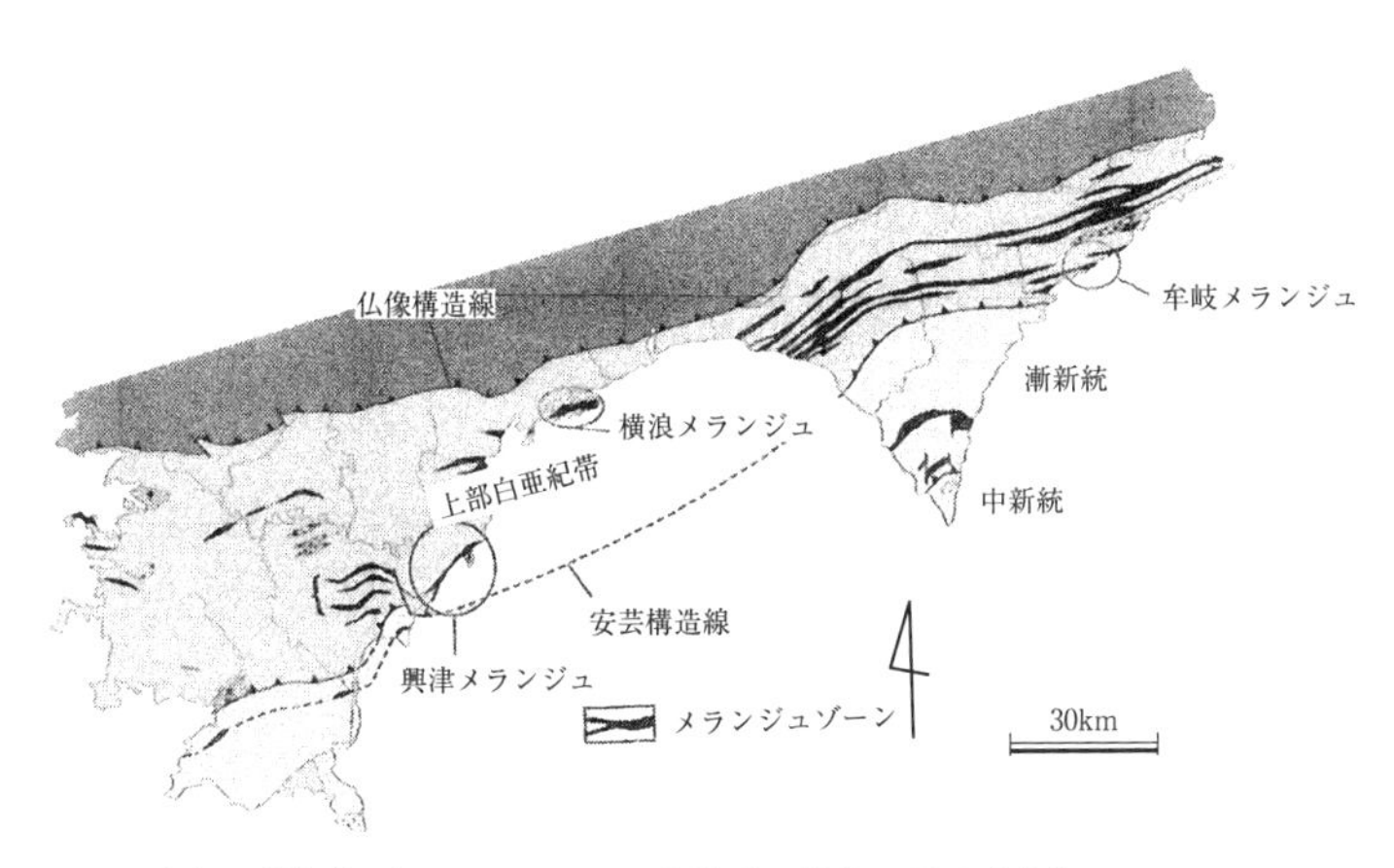

図 31　高知の付加体（Taira *et.al.*,1988 を改変；橋本、2012 より）

室戸阿南海岸国定公園内の室戸岬より羽根岬までは直線状であるが、それより西の海岸は北西―南東方向で緩いカーブをくりかえしている。

室戸岬から四万十町付近までの海岸には四万十帯の岩石がよく露出している。付加体のタービダイトやメランジュで、地層が垂直に立ったり、枕状溶岩がはさまっているなど付加体の標本のようである（**図31**）。

メランジュとは海洋地殻を起源とする玄武岩質枕状溶岩や放散虫を含むチャートなどの岩石群と陸起源や海溝にたまった堆積物（火山灰や泥岩）が混在した複雑な岩体である。

土佐市宇佐町横浪（**写真47**）や四万十町興津のメランジュは、二〇一一（平成二十三）年、国の天然記念物に指定された。横浪では幅約一〇〇メートル、高さ五〇メートルの層状チャートが直立している。もともとは水平に堆積したチャートが付加作用によってはぎとられ、押しつけられて直立したものである。放散虫を含む白亜紀前期のチャートである。

付加体やメランジュのでき方については以下のように考え

写真 47　四万十層群のメランジュ。高知県土佐市宇佐町横浪（坂口有人氏提供）

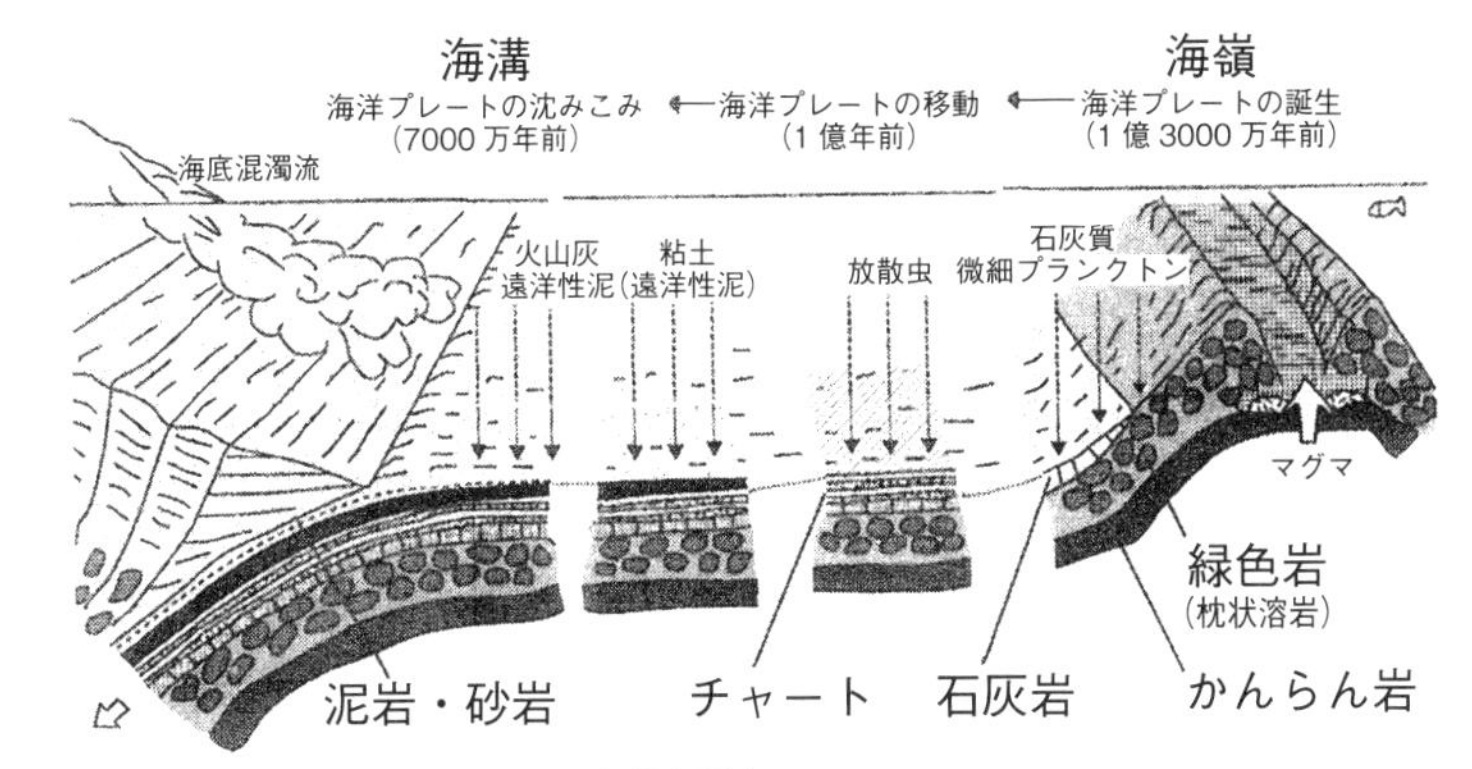

図 32　プレートテクトニクスと海洋底層序
（平朝彦『日本列島の誕生』を改変；橋本、2012 より）

られている。一億三〇〇〇万年前に海嶺ができ、海底に堆積した枕状溶岩や石灰岩からなるフィリピン海プレートが誕生した。一億年前ごろ、南方の海洋底に堆積したチャートなどが、フィリピン海プレートにのって日本列島近くまで移動してきた。七〇〇〇万年前ごろ、それらの海洋底堆積物が日本列島の南の海溝に沈み込みはじめた。その際、海溝を埋めていた砂と泥の互層（タービダイト）がはぎとられ、両方の堆積物がまじり合いメランジュをつくりながら陸側に押しつけられ、付加されてできた。付加体の形成は新第三紀まで続いた（**図32**）。

四国の南部をつくっている四万十帯は、北帯（白亜紀前半から後半の地層）と南帯（古第三紀から新第三紀中新世にわたる地層）に分けられている。

四万十帯南帯にあたる竜串（たつくし）海岸には四万十層群の上部の中新世前期の三崎層の砂岩・泥岩互層が、海面に棒状に飛びだしたようにでている。竜を串刺しにしたようだと竜串とよばれている（**写真48**）。四万十帯の急激な隆起により海が浅くなった所に堆積した地層である。見残し海岸には一九四六（昭和二十一）年

写真 48　竜串海岸の奇怪な構造の砂岩・泥岩の互層。四万十層群上部の中新世の三崎層　高知県土佐清水市

写真 49　見残し海岸の隆起海食台。土佐清水市

写真50　足摺岬、中新世の花崗岩の崖。土佐清水市

の南海地震による高さ数十センチメートルの隆起海食台ができている（**写真49**）。見残し海岸にはまた、化石漣痕（れんこん）が残っている。

足摺岬は四国最南端で、黒潮が最初に四国に衝突する場所である。岬には四万十層群に貫入した径五キロメートルほどの中新世中期のアルカリに富んだ花崗岩がでている。玄武岩をともない、一部にカリ長石のまわりを斜長石が取り囲んでいる、日本ではめずらしいラパキビ花崗岩もでている。

この岩体の露頭は環状岩体の北半分であるが、八〇メートル近い絶壁をつくり、節理も発達し、独特の景観をつくっている（**写真50**）。

足摺宇和海国立公園の宇和海には多くの島があって、海岸はリアス式である。逆くの字状に延びた由良半島もある。ほとんどの地域に四万十層群がでている。西南端の大月半島の大堂（おおどう）海岸では四万十層群に貫入した中新世中期の花崗岩が断崖をつくっている。

九州の日南海岸国定公園の北端の宮崎県の青島は亜熱帯植物の群落地で、南の海岸にある波状岩は、四万十帯南帯に相当する中新世の宮崎層群の砂岩・泥岩互層のつくる波食台である。鬼の洗濯岩とよばれ、干潮時には幅一〇〇メートルほど、波食台が海面にあらわれる。日南に近い鵜戸の波食台では、宮崎層群の砂岩・泥岩互層が棒状になっている。都井岬にも宮崎層群がでているが、岬はソテツの自生地で、岬馬の繁殖地として有名である。

西南日本の地質構造

現在の日本列島は糸静線で東北日本と西南日本に分けられる。白亜紀末の日本列島は三面─棚倉構造線を境に、東北日本と西南日本に分けられる。したがって、関東、中部地方も白亜紀末までは西南日本で、共通した地質構造（帯状構造）を示している。しかし、最も明瞭な帯状配列を示すのは現在の西南日本（近畿、中国、四国、九州）なので、この地方を中心に述べてみる（図33）。近年、付加体の立場での研究が進み、大きく変化しているが、まだ意見の分かれている点もある。

西南日本は中央構造線を境にして、北側が内帯、南側が外帯とよばれている。内帯は北から、飛驒─隠岐帯（四億年より前の飛驒片麻岩で特徴づけられる変成岩とそれに貫入している花崗岩）、飛驒外縁帯（約四億五〇〇〇万〜三億七〇〇〇万年前のオルドビス紀後期〜デボン紀の古生層と三億年より古い結晶片岩、超塩基性岩、塩基性岩からなる帯）、秋吉帯（約三億〜二億年前の石炭紀〜三畳紀層の堆積岩）、舞鶴帯（高圧型の三郡変成岩、花崗岩、花崗閃緑岩、塩基性岩などを主とする帯）、超丹波帯（上部ペルム紀層を主とする帯）、丹波─美濃帯（約二億〜一億五〇〇〇万年前のジュラ紀の付加体を主と

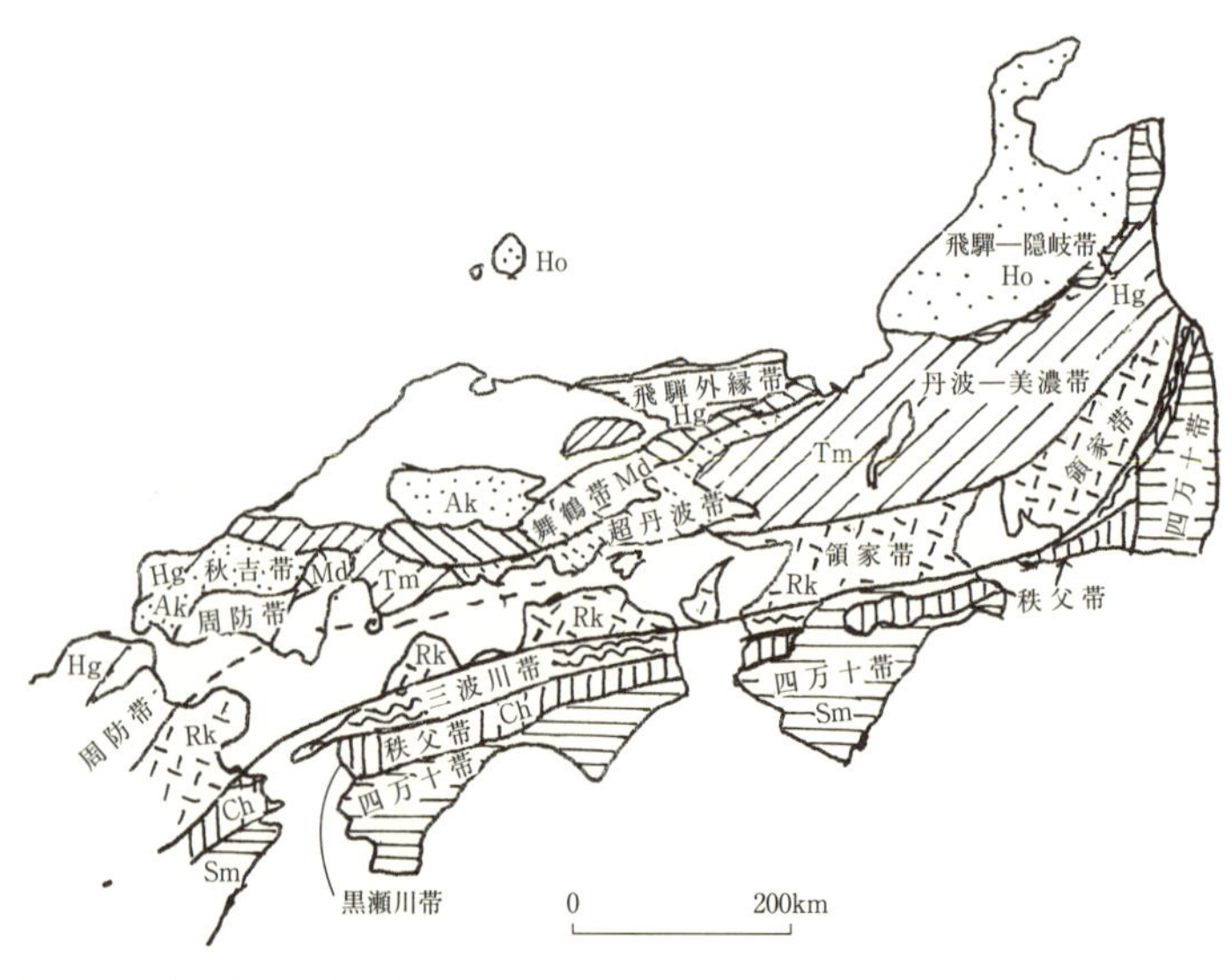

図 33　西南日本の地帯構造区分（八尾昭、2000 を一部改変）

する帯）、領家帯（白亜紀に形成された変成岩、花崗岩からなる帯）に分けられる。

しかし、飛騨—隠岐帯を除く各帯の上に白亜紀後期〜古第三紀初期の濃飛流紋岩とよばれる火山岩（大部分が溶結凝灰岩）が広くでている。また、山陽花崗岩（広島花崗岩）、山陰花崗岩が広く分布し、中国地方では帯区分が複雑である。そのため**図22**には、濃飛流紋岩とグリーンタフだけを示した。

外帯は、三波川帯（原岩は約二億〜一億五〇〇〇万年前のジュラ紀層で、約一億年前の白亜紀に、低温高圧の変成作用をうけた結晶片岩および緑色岩を主とする帯）、秩父帯（石炭紀後期〜三畳紀の異地性岩塊を含むジュラ紀を主とする帯で、北帯と南帯に分けられる）、黒瀬川帯（浅海性の中生層、古生層とレンズ状の四億年より古い変成岩、花崗岩からなる複雑な帯）、四万十帯（約一億〜二〇〇〇万年前の白亜紀前期〜新第三紀中新世前期の泥岩、砂岩およびその互層であるタービダイトやメランジュなどを主とする帯）に分けられている。

中央構造線の北側に、和歌山県から愛媛県まで、領家花崗岩の上に白亜紀後期の砂岩、泥岩を主とする和泉層群がのっている。四国の北では最高一〇六〇メートルの讃岐山脈にあたる部分である。

このような西南日本の地質構造全体のでき方は近年いろいろ議論され、丹波—美濃帯や秩父帯はジュラ紀の付加体、四万十帯はジュラ紀後期の付加体、その他は先ジュラ紀の地帯とされている。しかしこれ以上詳しく述べると専門的になりすぎるので、このあたりでとどめておく。

西南日本の内帯には領家帯の花崗岩、山陽、山陰花崗岩など花崗岩類が広く分布している。

火山岩のでき方は先に述べたが、このような花崗岩はどのようにしてできたのだろうか。これらの花崗岩は日本列島が南下する前、シベリア大陸でできたものである。

環太平洋地帯には白亜紀の花崗岩が広く分布している。アメリカの西部のシエラネバダ山脈や南アメリカのアンデス山脈や極東ロシア、朝鮮半島、中国大陸などである。おそらく白亜紀に古い太平洋プレートが沈み込み、形成されたものであろう。花崗岩はプレートの沈み込みでできたマントルダイアピルが上昇し、大陸地殻（花崗岩質）や付加体の岩石を溶かして花崗岩マグマを生成した。西南日本では一定の構造帯（中央構造線の北側）に沿い上昇したものと考えられる。その際、片状の岩石を低圧高温で変成させ、領家片麻岩を形成した。濃飛流紋岩は同様なマグマが噴出したものである。

一方、領家変成岩と対照的なのは、三波川、三郡の結晶片岩である。藍晶石などの変成鉱物から低温高圧で変成したものである、この結晶片岩の原岩は三畳紀後期のもので、白亜紀に沈み込んだ付加体と考えられている。沈み込んだ堆積物がどのようにして偏圧をうけ片状化し、地表まで上昇してきたかは明らかでない。

問題はこのような古い骨組、とくに四万十帯の形成前、そのもとがどこで、どのようにしてつくられ、シベリア大陸のへりに定着したかである。このことについてはいろいろな説があるが、ここでは田沢純一(二〇一〇)の横ずれ説を紹介する。

この説は、アジアに比較的多産する腕足類の化石の比較研究をもとに組み立てられたものである。飛驒外縁帯、南部北上帯、黒瀬川帯、セルゲエフ帯(シベリア)は、もともとオルドビス紀前期〜ペルム紀(約五億〜二億八〇〇〇万年前)に中国大陸の中朝地塊(大きな安定した地帯)の東のへりの沈み込み帯で、付加体として形成された。その後、ペルム紀中期〜後期(約二億七〇〇〇万〜二億五〇〇〇万年前ごろ)に秋吉帯が付加し、ジュラ紀〜白亜紀前期(約二億〜一億年前)に超丹波帯が付加し、原日本の骨組みができた。一方、中国大陸では、いくつかの地塊(小大陸)がくっついたり、離れたりした。それにともなって原日本も変化した。それが、白亜紀後期〜古第三紀にイザナギプレート(太平洋プレートの前身)が北東方向に速い速度で運動したことにより、中国大陸のへりにも大規模な左横ずれ運動が生じ、原日本はシベリア大陸のへりまで運ばれてきた。その移動距離は二〇〇〇キロメートルと推定される。その後、イザナギプレートは沈み込みの向きを北方に変え、シベリア大陸に合体した。さらに、四万十帯もシベリア大陸に付加した。中新世の初め(約二〇〇〇万年前)、シベリア大陸のへりが割れて、原日本は南に移動し、現在の位置に定着した。夢のような話である。

南西諸島

霧島錦江湾国立公園は霧島山、桜島、開聞岳と指宿の海岸、大隅半島の西南海岸と佐多岬を含む。佐多岬には四万十層群と古第三紀の日向層群がでているが、佐多付近で中新世の花崗岩に貫かれている。屋久島国立公園には白亜紀～古第三紀の四万十層群に貫入した中新世の花崗岩が広くでていて、標高一九三六メートルの九州最高峰の宮之浦岳をつくっている。屋久島の西部には原生林的な照葉樹林が広がり標高六〇〇メートルより上には、樹齢一〇〇〇年以上の屋久杉やモミの巨木林がある。

南西諸島南部の奄美群島のうち、奄美大島の一部、喜界島、徳之島、沖永良部島、与論島は奄美群島国立公園になっている。これらの島には四万十層群に相当する砂岩、頁岩を小規模な古第三紀の花崗岩が貫入している。奄美大島にはマングローブの原生林がある。

沖縄本島には、東海岸の読谷から北端の辺戸岬までの沖縄海岸国定公園と本島最南端の沖縄戦跡国定公園がある。本島北部にはやんばる国立公園がある。そのほか海域の多様な生態系をもつ慶良間諸島国立公園と亜熱帯性の常緑広葉樹林とマングローブ林からなる西表石垣国立公園がある。

写真 51　沖縄諸島、久米島の海食台の畳石。安山岩の柱状節理の横断面

沖縄本島の西部には基盤の古生代、中生代の地層がでているが、東部には四万十層群の古第三紀の砂岩あるいは新第三紀中新世の地層の上に鮮新世の泥岩、砂岩が重なっている。さらにその上に更新世の琉球石灰岩が広く分布し、その上の面は段丘面となっている。

琉球石灰岩の上部は硬く、その中に鍾乳洞ができている。その一つ、玉泉洞（ぎょくせんどう）は延長二三五〇メートルである。沖縄戦跡国定公園の摩文仁（まぶに）の丘の端は琉球石灰岩の絶壁で、沖縄戦では多くの人が投身自決した。鍾乳洞は防空壕になったが、その中でひめゆり部隊の痛ましい悲劇が起こった。

現在の海岸には珊瑚礁が発達しているが、読谷から名護にかけての海岸、とくに恩納（おんな）海岸が見事である。珊瑚礁は、岸辺には離水した礁原（裾礁（きょしょう））があって、その外側が珊瑚礁で、洗濯板状のビーチロック、ラグーン（礁湖）、リーフ（礁縁）の順に外洋に向かい、リーフでは白波が砕けている（恩納村、名護市、大宜（おおぎ）

図34　南西諸島の四万十帯と中新世火山岩

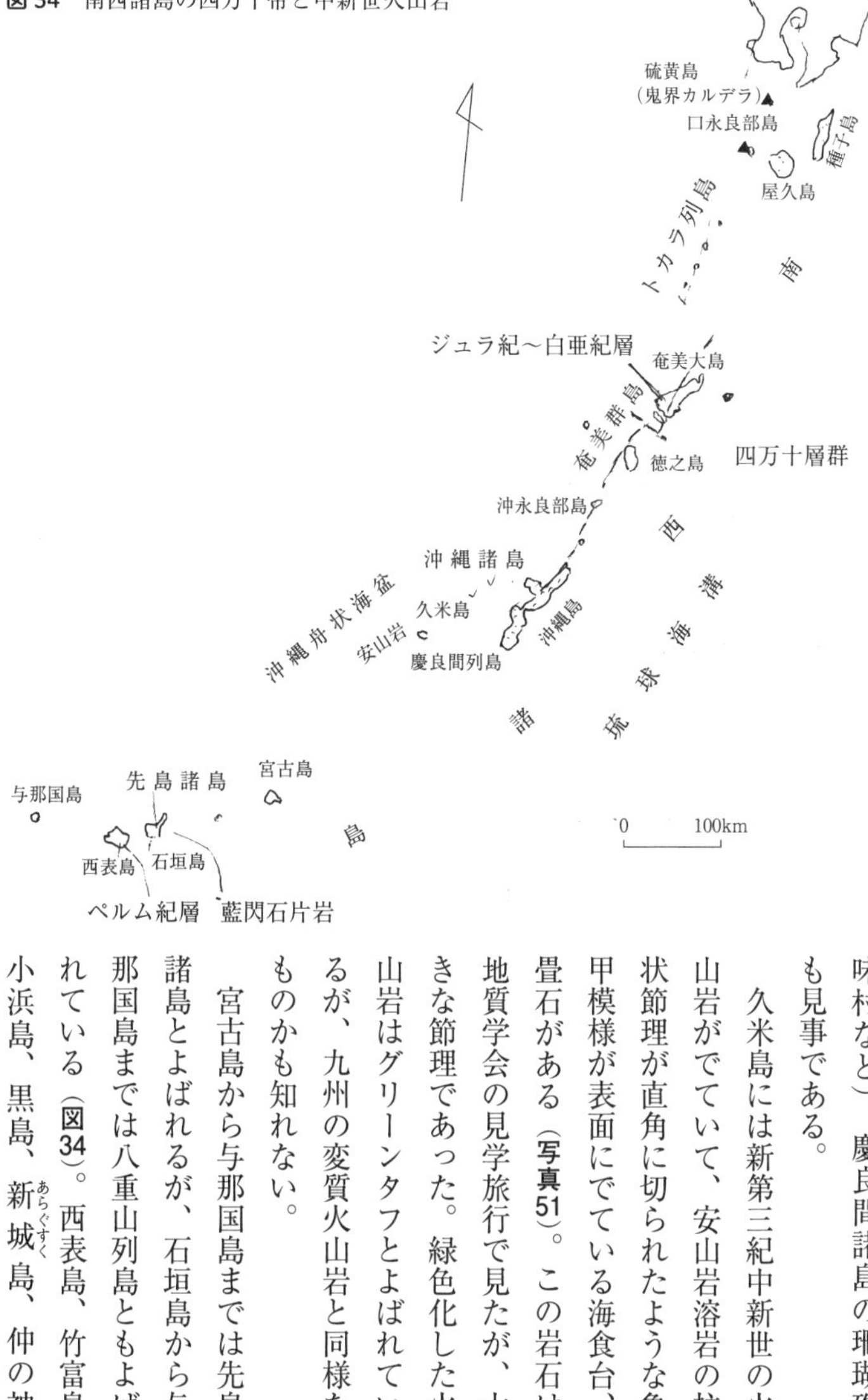

味（み）村など）。慶良間諸島の珊瑚礁も見事である。

　久米島には新第三紀中新世の火山岩がでていて、安山岩溶岩の柱状節理が直角に切られたような亀甲模様が表面にでている海食台、畳石がある（写真51）。この岩石は地質学会の見学旅行で見たが、大きな節理であった。緑色化した火山岩はグリーンタフとよばれているが、九州の変質火山岩と同様なものかも知れない。

　宮古島から与那国島までは先島諸島とよばれるが、石垣島から与那国島までは八重山列島ともよばれている（図34）。西表島、竹富島、小浜島、黒島、新城（あらぐすく）島、仲の神

写真 52　マングローブの林。西表島

島、石垣島は西表石垣国立公園となっている。石垣島や西表島はぜひ一度行ってみたいと思い、妻と旅行で訪れたが、日本にもこんな所があるのかという率直な感想をもった。

西表島、石垣島では古生代～中生代の八重山変成岩（藍閃片岩など）や石灰岩、チャートが基盤で、その上に古第三紀の石灰岩、砂岩、流紋岩と変質安山岩が重なり、それらを貫いて古第三紀花崗岩がでている。その上には中新世～鮮新世の泥岩、砂岩が重なっている。そしてその上に琉球石灰岩が重なり、平坦な地形となっている。現在の海岸は美しい珊瑚礁に取り囲まれている。なお、琉球石灰岩が広くでているため、変成岩や古第三紀の岩石の露頭はきわめて少ない。

竹富島、黒島、新城島は琉球石灰岩でできている平坦な島である。マングローブの林や珊瑚礁は津波の被害を少なくした。

西表島にはペルム紀層がでている。この島の仲間川、浦内川、仲良川流域はマングローブの林となり亜熱帯の景観をつくり、仲間川、浦内川流域は、それぞれ仲間川、星立天然保護区域となっている（写真52）。浦内川には幅二〇メートル、落差六メートルほどのマリウド（丸いよどみのある所）があるが、中新世前期の砂岩の滝である。石垣島米原のヤエヤマヤシ群落と西表島のサキシマスオウノキは天然記念物になっている。

瀬戸内海の海岸

瀬戸内海は潮の干満の差が大きいのが一つの特徴である。潮流は狭い海峡では激しく流れ、鳴門海峡、来島（くるしま）海峡では時速約一八・五キロメートルに達している。

瀬戸内海国立公園の東端の鳴門海峡は渦潮で有名で、鳴門海峡の大きな渦潮の発生は月の引力による潮の干満が関係している。海峡の北側（瀬戸内側）と南側（紀伊水道側）で干満に時間差があるため海峡部分では潮位差が最大一・五メートルとなり、高い潮位の方から低い潮位の方に最高時速二〇キロメートルの強い流れが生じる。速い流れの海峡の主流部に、まわりの浅瀬を流れる緩やかな流れがまき込まれるようにして渦ができる。大潮のときは、渦の直径は最大三〇メートルで、渦の中心は一メートルも落ち込んでいる。

瀬戸内海国立公園は、東の六甲山、紀淡海峡を含み、東の小豆島から西の山口県徳山付近までで、海域は、播磨灘の西部、燧灘（ひうちなだ）、周防灘（すおうなだ）の東部までである。その中には小豆島、豊島（てしま）、備讃諸島、塩飽（しわく）諸島、因島（いんのしま）、大三島（おおみしま）、宮島（厳島）、屋代島、姫島、下関などがある。また屋島、五色台、象頭山（ぞうずさん）（琴平山）、鷲羽山、鞆の浦、野呂山などの景勝地を含んでいる。

瀬戸内海の沿岸や小豆島、大三島、塩飽諸島には花崗岩がでている。倉敷市下津井の沖の六口島には花崗岩が風食により削られ、象が水を飲もうとする形に変わった象岩がある。笠岡市の白石島には花崗岩を貫く半花崗岩（アプライト）が鎧の形をした鎧岩の景観がある。広島県福山市の鞆の浦の仙酔島には海食洞がある。

小豆島では花崗岩の上に中新世中期の讃岐層群がのっている。讃岐層群は安山岩、デイサイト、流紋岩の溶岩と火山砕屑岩である。安山岩の多くは讃岐岩（サヌカイト）とよばれる斑晶の少ないカンカン石という緻密な岩石である。高松付近の源平合戦の舞台となった屋島や五色台、城山などにも分布し、平らな台地状の地形をつくっている。小豆島では火山岩や火山砕屑岩が長年の風化、浸食により奇景をつくり、寒霞渓という景勝地となっている。岡山県笠岡湾は生きた化石、カブトガニの生息地である。ほかにも景観のすぐれた所があったが、近年あまりにも開発が進みすぎた。

瀬戸内海から少しはずれた豊後水道に面した所に日豊海岸国定公園がある。リアス式海岸の臼杵湾、津久見湾、佐伯湾（鶴御崎）から日向付近まで、三波川帯、秩父帯、四万十帯の岩石がでている。

日本海側の海岸

日本海側には、太平洋側と比べて比較的大きな島が多い（図6参照）。島は大小含めて、北から、礼文島、利尻島、天売島、焼尻島、奥尻島、渡島大島、渡島小島、久六島、飛島、粟島、佐渡島、舳倉島、隠岐諸島、壱岐島、対馬島である。男鹿半島や能登半島は島のなりそこないともみえる。島と本土との距離は二〇～六〇キロメートルで、島を線で結ぶと、本土の形に平行している。このことは、大陸から離れて日本列島ができたことと関係がある。

地質の上でも奥尻島、佐渡島、隠岐諸島は共通性があり、男鹿半島や能登半島とも共通性がある。そしてこれらの島は対馬暖流の影響をうけ、同緯度の太平洋側と比べると暖かい。

北海道の西海岸と島々

新第三紀の火山岩が分布するニセコ積丹小樽海岸国定公園の積丹半島にはグリーンタフが広く分布しているが、その上に中新世後期に噴出したいろいろな産状を示す膨大な黒色の安山岩の火山角礫岩などがあって、神威(かむい)岬などの景観をつくっている。

利尻礼文サロベツ国立公園の礼文島の半分は、白亜紀前期の安山岩を主とする礼文層群が占めている。残り半分は中新世前期~中期の安山岩溶岩と火山砕屑岩（グリーンタフ）と頁岩である。

利尻島は利尻火山噴出物に覆われているが、一部にはその基盤の新第三紀層がでている。利尻火山は円錐形の成層火山であるが、北の島のため冬の風雪による浸食が激しく、急峻な山頂をつくっている。北の日本海に浮かぶ利尻島、礼文島の海岸は冬の荒波にさらされ絶壁をつくっている所が多く、桃岩（貫入岩）や地蔵岩（白亜系）の景観をつくっている。夏は高山植物が咲きそろう。サロベツ原野は泥炭地とペンタ、パンタの沼の寒々とした原野であるが、泥炭形成過程を示す湿原生態系をもっている。

暑寒別天売焼尻国定公園の暑寒別岳は第四紀火山といわれてきたが、年代は鮮新世である。天売島、焼尻島には中新世の火山岩がでている。天売島はウミガラスやオオセグロカモメなどの海鳥の繁殖地としても知られている。

奥尻島にはかつて日本海の研究者らと見学旅行で訪れたことがあるが、海産物が多いという印象をもった。この島の基盤は白亜紀の溶結凝灰岩を主とする藻内火山岩層で、白亜紀の花崗岩の変成作用をうけている。その上に、分布は少ないが、古第三紀の火山岩類がでている。主要なものは新第三紀中新世前期（二一〇〇万年前）の青苗川層で、デイサイトおよび安山岩の火砕岩、溶岩である。その上に中期の釣懸（つりかけ）層、千畳層の砂岩、泥岩などが重なる。最上部に鮮新世の地層がのっている。

奥尻島は一九九三（平成五）年、北海道南西沖地震（M七・八）に見舞われた。青苗には一〇メートルの津波がおしよせた。

渡島大島は二つの成層火山からなる火山島である。

津軽半島から佐渡島まで

津軽国定公園の最北端に位置している竜飛（たっぴ）崎の下を通り、津軽海峡の下を新幹線が通っている。風の強い土地で、発電のための風車が並んでいる。岬には新第三紀中新世の安山岩やデイサイトがでていて、それを流紋岩の岩脈（屏風岩など）が貫いている。

小泊岬の南に七里長浜が続き、その南は大戸瀬（おおどせ）崎、黄金崎（艫作（へなし）崎）など、新第三紀火山岩のつくる岩石海岸である。この国定公園には岩木山、白神岳、十二湖も含まれている。七里長浜は砂丘海岸で、岩木川の出口に、しじみの産地、十三湖がある。

男鹿国定公園の入道崎には、古第三紀の赤島層、門前層という硬い安山岩溶岩とデイサイトの溶結凝灰岩が磯をつくっているが、その上は段丘で平坦である。戸賀湾付近には目潟とよばれるマールがいくつか分布している。戸賀湾の南の加茂海岸には屹立した岩壁が続いているが、古第三紀〜新第三紀中新世前期の門前層とよばれる安山岩や玄武岩の溶岩や凝灰岩で、その上に白い真山流紋岩が重なっている。男鹿半島のつけねにある寒風山は第四紀の鳥海火山帯の火山である。

鳥海国定公園では鳥海火山の溶岩が海岸まで流れくだり、岩石海岸をつくっている。象潟は鳥海山の泥流堆積物がつくった多くの島（流れ山）の浮かぶ湖であったが、一八〇四年（文化元）年の地震で隆起し、陸化して現在のようになり、天然記念物に指定されている。鳥海山の裾野の地下には豊富な伏流水があって、各所で湧泉となっている。伏流水は海岸にもおよび、海底で湧きだしている所には岩牡蛎が群生している。ウミネコの繁殖地として知られる飛島もこの国定公園に入っている。

山形県南部の温海の海岸には、新第三紀中新世の泥岩に貫入した黒っぽいドレライトがでている。ドレライトは玄武岩と同じ成分であるが、地下で泥岩などの層理面や割れ目に貫入し、徐冷したため、結晶の粒度が粗く縦横の節理ができた岩石で、粗粒玄武岩ともよばれる。

それに対し、少し南の新潟県村上市の笹川流れは、破砕された白亜紀の白い花崗岩の岩石海岸で、まわりの海はひときわ澄みきっている（**写真53**）。笹川流れは天然記念物である。

岩船港から定期船が出ている粟島（粟島浦村）は、一九六四（昭和三十九）年に起きた新潟地震の震源地

写真53　笹川流れ。破砕された白亜紀花崗岩。新潟県村上市（旧山北町）

で、海岸が一・五メートル隆起した。この島をつくっているのは、七谷層（ななたに）の泥岩とそれを貫くドレライト岩床である。ドレライトは見事な柱状節理を示している（**写真54**）。

新潟の沖に大きな島、佐渡島がある。志賀重昂は一八九四（明治二十七）年に出した『日本風景論』の雑感の中で、「自然を写す跌宕（てっとう）の語として世間はいまだ、芭蕉の句、あらうみや佐渡に横たふ天の川の如く太（はなはだ）簡にしてしかも太（はなはだ）跌宕なるものを看（み）ず、一誦、大海の胸を盪（とろ）かし、耿々（こうこう）たる銀河の金峰（きんぷ）山上（佐渡）を帯する処、歴々眼前に映じ来る」と書いている。志賀のいう跌宕とはこのような情景をさすもののようである。

佐渡島は大佐渡と小佐渡に分けられ、その間に国中平野がある。大佐渡、小佐渡の延びの方向は北東─南西方向で、佐渡方向とよばれる。佐渡の海岸ですぐれた所は早くに名勝に指定された。一九三四（昭和九）年、海府海岸は名勝に、小木海岸は名勝と天然記念物に指

写真54　ドレライト岩床の柱状節理。新潟県粟島浦村

定された。外海府海岸は大佐渡の北東端、小木海岸は小佐渡の南西端である。佐渡ではまた朱鷺も特別天然記念物、国際保護鳥に指定されている。佐渡島は佐渡弥彦米山国定公園になっている。佐渡金・銀山跡は世界遺産の登録を目指している。

名勝の海府海岸は厳密には、相川海岸から外海府の三田川（二ツ亀）の範囲である。北西に面した外海府の海岸の景観はまさに岩と波、風、雨、雪とのせめぎ合いの結果できたものである。海岸は浸食が強すぎ、人には破壊されなかったが、風や波によって破壊され崩壊してしまった扇岩のような例もある。

扇岩は願（ねがい）と二ツ亀の間にあった巨大な扇のような形をした見事な岩で、絵葉書や記念切手にも採用されていた。古第三紀の入川（にゅうかわ）層の硬い安山岩質の火山角礫岩で、割れ目（節理）がよく発達していたが、それが浸食され残って扇のような形になったと思われる。一九六五（昭和四十）年十二月、冬の強風で倒壊してしまった。今探しても根元も残っていない。

二ツ亀（島）や大野亀（写真55）はドレライトでできた丘である。大野亀のような厚さ一七〇メートル以上の一枚岩（?）もめずらしいものである。初夏のころ、大野亀はカンゾウや岩百合で彩られる。大野亀の東方にドレライトでできている二ツ亀があるが、トンボロ（陸つなぎ）で本島とつながっている。

中新世前期の真更川層というデイサイト質の火砕岩を主とする地層が山側にでている。デイサイト質の溶結凝灰岩もあり、まわりより硬いので海岸に落ちる落差七〇メートルの大ザレの滝をつくっている。新第三紀層の基盤となっている中生層、古生層は二ツ亀のつけねから藻浦まででている。薄くはがれる粘板岩とそれにはさまれる石灰岩、玄武岩（枕状溶岩）、斑れい岩である。これらの岩石は足尾帯のメランジュである。中生代の放散虫と古生代のフズリナの化石が一緒に産している。

二ツ亀と藻浦の間の岩石も雑然としていて、丹波―美濃帯の東縁の足尾帯のメランジュと思われる。蛇紋岩は山側と真更川海岸にでているが、舞鶴帯のものか?

佐渡島は対馬海流に洗われているので暖かな島で、内海府海岸の北小浦の熊野神社の照葉樹のタブ林は魚附林になっている。小木の矢島にもタブやスタジイや矢竹が繁茂している。

尖閣湾は中新世前期の柱状節理の顕著な流紋岩溶岩のつくる海食崖で、その頂部が段丘に削られ、平坦になっている。海岸は波浪の浸食が激しく、ゴツゴツしている。そのためゴシック建築の尖閣の集まりのようになっているので尖閣湾と名づけた、と脇水鉄五郎博士は『日本風景誌』（一九三九）の中に

写真 55　大野亀のドレライト岩床。新潟県佐渡市外海府

淡々と書いている（写真56）。

尖閣湾の北方の海岸に、海側に傾いた板状の岩石が眺められる。それは平根崎の中新世中期の貝殻石灰岩で、海際にできた波食甌穴は天然記念物に指定されている。

佐渡島の西部、相川には、歴史のある大きな佐渡金山があった。この金の鉱脈鉱床は、古第三紀の入川層、中新世前期の相川層、真更川層の中に入っている。相川層や真更川層はいわゆるグリーンタフであるが、東北地方のグリーンタフ地域にでているものとは違い、日本列島がまだ大陸のへりにあったとき、湖や陸地で噴出した火山噴出物が変質したものである。そのため溶結凝灰岩や植物化石を含む頁岩などもある。このようなグリーンタフは、男鹿半島や能登半島や隠岐諸島にも分布している。前述した九州の金鉱床が鮮新世や第四紀に形成されているが、相川金鉱脈は、氷長石（カリウムを含む低温型の長石）による年代測定では、二三〇〇万年前（中新世前期）に大陸で形成された。

中新世前期の火山岩類の上に中新世中期の堆積岩がのっている。平根崎は石灰岩であるが、多くは礫岩、砂岩である。これらは佐渡がほぼ現在の位置に達した後で、古日本海に取り囲まれて海岸に堆積したもので、下戸層とよばれている。小佐渡の西三川には砂金を含む砂岩・礫岩の互層が厚く堆積している。海は次第に深くなるが、小佐渡の西海岸には厚い泥岩が堆積している。小木の枕状溶岩はそのような海底で噴出したものである。

小木海岸で、一九三四（昭和九）年に天然記念物に指定されたのは枕状溶岩と隆起海岸である。小木海岸の枕状溶岩は日本で最も良い産状を示している。枕状溶岩は、一般に、玄武岩のような粘性の小さ

写真 56　尖閣湾の海食をうけた中新世流紋岩。佐渡市
下は、冬の尖閣湾（上山益男氏提供）

い溶岩が水底に流れだしたときに形成される。水底（海底）で溶岩が冷えて固まるとき、表面にガラスの皮殻ができ、本体からちぎれて分離してできる。沢崎鼻によくでているが、延びた枕状の溶岩の塊（ピローローブ）の重なりである。ローブの形は元小木の東の牡蠣の浦で最もよく観察される。一部には、縦の皺がよく発達しているものもある（写真57）。

水中に流れだした溶岩が急激に冷却すると枕をつくらずに粉々に破砕されて、火山砕屑岩のようになる。これを水冷破砕岩（ハイアロクラスタイト）とよぶが、小木海岸では枕状溶岩と一緒にでている。その他塊状の溶岩、岩脈、かんらん石がびっしり詰まった玄武岩（ピクライト玄武岩）も小木半島の先端の神子岩にでている。

隆起海岸（隆起海食台）ができた原因は当初わからなかったようだが、その後、一八〇二（享和二）年の小木地震によって約二メートル隆起してできた海食台であることが明らかになった（写真58）。小木半島の隆起海岸には澗（小さな溺れ谷）や破間（割れ目）などが多い。

佐渡島の大佐渡には大佐渡山脈、小佐渡には小佐渡山脈がそびえている。最も高い金北山は海抜一一七二メートルである。日本海に浮かぶ島の中では特異で、東北日本にあるため、太平洋プレートの沈み込みにともなう圧縮力により隆起したものであろう。

佐渡海峡をはさんで対岸の弥彦山は隆起した地塊で、中新世のグリーンタフ、泥岩、玄武岩とそれらを貫くドレライトが山をつくっている。沸石の多い間瀬海岸の枕状溶岩は新潟県の天然記念物となっている。弥彦山の東方にある角田山も隆起地塊で中新世の安山岩が山をつくり、海岸は景勝地になってい

写真 57　枕状溶岩の産状。佐渡市小木、牡蠣の浦（池田雄彦氏撮影）

写真58　小木半島の隆起海食台。佐渡市深浦（新潟県編、1936より）

る。柏崎海岸は鮮新世の安山岩でできているが、溶岩や火砕岩が海岸にでている所が福浦八景である。

能登半島から若狭湾まで

能登半島国定公園にはグリーンタフが広く分布している。西岸の福浦から富来にかけての海岸には中新世前期の安山岩溶岩や火砕岩が分布している。佐渡島と同様に陸上の火山活動の産物である。巌門には海食洞や千畳敷（隆起海食台）がある（**写真59**）。関野鼻には、中新世中期の石灰質砂岩と、その上の安山岩のつくる崖（ヤセの断崖）がある。海辺は隆起海食台となり波に洗われている。巌門や関野鼻は能登金剛と総称される景勝地である。

北岸の曽々木海岸（天然記念物）では、中新世中期末の流紋岩の溶岩や凝灰岩が絶壁をつくっており、

写真 59　能登金剛。中新世の火山岩の海食洞。石川県志賀町（旧富来町）

白い岩肌が際だっている。窓山には海食洞がある。白米（しらよね）千枚田は地すべり地帯に開かれた棚田である。北東部の恋路海岸の南の九十九（つくも）湾にはデイサイトの凝灰岩がでている。恋路海岸の北の見附島は船のような形から戦前は軍艦島とよばれた。中新世後期の珪藻質泥岩のため、岩肌の白い美しい景観を示している。

七尾湾は能登島で二分されているが、現在は橋でつながっている。七尾北湾の西岸、南岸および能登島の大部分は中新世前期の火山岩でできている台地状の地形で、鴨島入り江などは溺れ谷地形を示している。

福井県の有名な東尋坊は越前加賀海岸国定公園の北端近くに位置している。中新世の複輝石安山岩溶岩の柱状節理が見事で、天然記念物になっている。この公園はさらに越前岬、木ノ芽峠付近まで延びている。

若狭湾国定公園は敦賀湾から由良付近までで、大部分がリアス式海岸で、蘇洞門などがある。また気比の松原や三方五湖があり、オオミズナギドリの繁殖地の冠島も含まれる。冠島は島全体が天然記念物に指定された。天橋立は二〇〇七年に編成がえされた丹後天橋立大江山国定公園に含まれている。この国定公園内には敦賀、美浜、大飯、高浜、もんじゅなどの原子力発電所があり、原発銀座とよばれている。

丹後半島から隠岐諸島

丹後半島の網野海岸から鳥取砂丘までの山陰海岸国立公園は、竹野海岸、香住海岸、但馬御火浦（兵庫県）、浦富海岸（鳥取県）と続く。大部分は岩石海岸で、新第三紀中新世の火山岩（グリーンタフなど）や堆積岩や花崗岩がでている。香住海岸の鎧の袖は柱状節理の発達した流紋岩で、天然記念物になっている。

浦富海岸では花崗岩と凝灰岩を流紋岩岩脈が貫いているが、浸食され、断崖、洞門と変化に富んでいる。千貫松島はピンク色の花崗岩である。龍神洞とよばれる海食洞もあり、この海岸は名勝・天然記念物になっている。

地蔵崎、美保関から日御碕付近までの島根半島と隠岐諸島は、大山隠岐国立公園の海岸部である。

島根半島の東部の美保の北浦はリアス式の沈降海岸で、グリーンタフとそれを貫くドレライトの岩脈がでている。

半島西部にある十六島鼻（うっぷるいばな）は中新世中期の礫岩、砂岩、頁岩の断崖である。須々海（すすみ）海岸には波食台があって、中新世中期の頁岩と砂岩の互層が洗濯板のようになっているので洗濯岩とよばれている。

写真60　浄土ヶ浦海岸。島根県隠岐の島町、島後

築島（つく）には、砂岩・頁岩互層の地層の面に平行に貫入した柱状節理の発達した玄武岩がある。多古（たこ）の七つ穴や加賀の潜戸（くけど）は玄武岩の海食洞で、名勝・天然記念物になっている。西端の日御碕海岸の経島（ふみしま）には見事な安山岩の柱状節理があり、ウミネコの繁殖地でもある。

隠岐諸島は大きく島前（どうぜん）（中ノ島、西ノ島、知夫里（ちぶり）島）と島後に分けられる。私が見学旅行で訪れたのは島後の一部にすぎないが、佐渡との共通性があり、また日本海ア

写真61　粗面岩の岩脈、トカゲ岩。隠岐の島町、島後

ルカリ岩岩石区であるので興味深かった。

隠岐諸島の島後には隠岐片麻岩の上に、中新世前期の変質した安山岩（グリーンタフ）や湖成層が分布している。その上に第四紀のアルカリに富んだ玄武岩、粗面岩、流紋岩の溶岩や凝灰岩が重なっている。

北端の白島海岸は流紋岩の白い崖で、海苔田（のりだ）ノ鼻の鎧岩は粗面岩の上に重なる放射状の節理のある玄武岩溶岩である。白島海岸、海苔田ノ鼻は天然記念物に指定されている。

浄土ヶ浦海岸（**写真60**）は片麻岩やグリーンタフのつくる海岸で、その南東の葛尾（つづらお）山地には、トカゲ岩とよばれる奇妙な岩の塔（岩脈）があるが、トカゲの形をした粗面岩（アルカリの多い酸性火山岩）である（**写真61**）。トカゲ岩は奇景として名勝・天然記念物になっている。

島前は海水に浸されたカルデラで、第四紀のアル

写真62　須佐湾の畳岩。接触変成をうけた中新世の砂岩・泥岩互層
山口県萩市（旧須佐町）

カリに富んだ玄武岩、粗面岩でできている中ノ島、西ノ島、知夫里島が外輪山である。西ノ島に赤茶色の焼火山（たくひ）とよばれる粗面岩の溶岩ドーム（中央火口丘）がある。知夫（ちぶ）の赤壁（せきへき）とよばれているのは、外輪山をつくっているアルカリ玄武岩の赤茶けた溶岩の崖である。

西ノ島の西岸の国賀海岸の摩天崖という高さ約二〇〇メートルの粗面玄武岩の断崖も名勝・天然記念物になっている。

山口県や北九州の海岸

山口県の高山岬（こうやま）から青海島（おうみ）付近までの北長門海岸国定公園の北端近くにある須佐湾の海食崖も見事である。中新世の須佐層群の砂岩・頁岩互層が高山（こうやま）の斑れい岩の接触変成作用をうけ、ホルンフェルスに

写真 63 塩俵の断崖、玄武岩の柱状節理。長崎県平戸市生月町

なり硬くなったため、海食を免れ、見事な崖をつくっているのである。畳岩とよばれ、名勝・天然記念物に指定されている（**写真62**）。やはり名勝・天然記念物の流紋岩～デイサイト質の凝灰岩が複雑な海食地形をつくった青海島もある。

日本海と東シナ海の中間の対馬海峡に浮かぶ壱岐、対馬は国定公園である。

対馬には、古第三紀の泥岩、砂岩を主とする対州(たいしゅう)層群が、北東—南西方向の褶曲をくりかえして分布している。それらは南部では花崗岩に貫かれてホルンフェルスになっている。そのため岩石が硬くなり、山も急峻になったため、海岸には断崖絶壁ができている。対馬の中部にある浅茅(あそう)湾はリアス式海岸である。

それに対し、壱岐島はほとんどが火山岩の島である。中新世中期～後期の壱岐層群の玄武岩と粗面岩の上に、鮮新世の玄武岩を主とする芦辺(あしべ)層群が重なっている。さらにその上に重なっている更新世の郷(ごう)ノ浦(うら)層群、男(お)

岳・女岳の安山岩溶岩や岳ノ辻の玄武岩のスコリア丘などがある。壱岐島の火山岩の多くはアルカリ岩である。壱岐島は、一九七三（昭和四十八）年ごろ、壱岐団体研究の集団調査に参加し、アルカリ岩の産状を調べた。

玄海国定公園は、北九州市の若松付近から佐賀県の東松浦半島にわたる海岸である。糸島半島や東松浦半島では花崗岩の上に流れた鮮新世の玄武岩が台地をつくっている。玄武岩は柱状節理が見事で、福岡県の糸島半島の芥屋の大門、佐賀県の東松浦半島の七つ釜（海食洞）は天然記念物になっている。

西海国立公園の平戸島は平戸大橋、生月島は生月大橋で結ばれたので、離島でなくなった。平戸大橋は橋脚が高く、九十九島が眺望できる。生月島の北端の西側にある塩俵（御崎）の断崖には柱状節理の見事な玄武岩がでている（**写真63**）。

唐津から生月島までは、福岡に住んでいた古い友人が案内してくれたので、絶景を見てまわることができた。

東シナ海側の海岸

小値賀島、五島列島の中通島、福江島などには中新世前期の砂岩、砂岩・泥岩互層からなる五島層群がでている。その上に福江溶結凝灰岩、中通層群が重なっている。中通層群は下位から、泥岩、流紋岩質凝灰岩、デイサイトの溶結凝灰岩、安山岩と流紋岩の凝灰岩の順に重なっている。それらを中新世の石英斑岩、閃緑岩、斑れい岩が貫いている。さらにそれらの上に小さな玄武岩の溶岩台地やスコリア丘が点在し、景観をつくっている（写真64）。島の各所に立っているキリスト教会も独特な景観をつくっている。九州の西端にある五島列島の中通島の地質は、長崎の地学研究グループの人たちと一緒に調査した。

福江島には、東南部の鬼岳、火ノ岳、北西部の三井楽の京ノ岳などに玄武岩溶岩がでている。中通島の曽根崎、小値賀島などには多くのスコリア丘がある。スコリア丘をつくる玄武岩は大部分が壱岐島と同様なアルカリ岩である。

写真64　玄武岩のスコリア丘の見える岬。五島列島

有明海

有明海に面する雲仙天草国立公園の雲仙岳は、一九九〇（平成二）年十一月、約二〇〇年ぶりに噴火した。たびたび噴火をくりかえしていたが、一九九一年五月、溶岩ドームをつくり、それが崩れて大火砕流を発生し、海岸まで流れだした。

島原湾と八代海との間にある天草諸島の大矢野島、上島、下島は本土の宇土半島と橋で結ばれ、離島でなくなった。下島の西海岸の一部に変成岩がでている。上島の東部と下島の西部に白亜紀層がでていて、その上に石炭を含む古第三紀層が重なり、天草炭田となっていた。

これまであげた海岸以外にも、日本列島には激しい海岸浸食によってできた海食洞や海食台があって景観をつくっている所が多い。

志賀重昂の『日本風景論』には海水の浸食の例として、鉉懸岩（奥尻島）、弁財天の窟（藤沢市江の島）、錦浦（熱海市）、三尊窟（加茂郡南伊豆町手石）、親不知・子不知（糸魚川市）、岩戸（若狭湾）、観念窟（和歌山市友ヶ島）、坊ノ津（枕崎市）などがあげられている。

おわりに

山と海岸を主にして日本の自然景観のすぐれている所をみてきたが、あらためて、志賀重昂の『日本風景論』を読んでみた。彼は、日本のすぐれた風景が形成された要因として、①寒暖二つの海流があって、気候の変化に富み、水蒸気が多く、生物相が豊富であること、②多種多様な火山があること、③浸食が激しいこと、をあげている。私の結論もほとんどこれにつきると思われる。

現在の言葉でいえば、日本は弧状列島（島弧）の集合で、長大な、日本列島弧、伊豆・小笠原弧、琉球弧の上にある。これらの島弧は前面に海溝をもち、太平洋プレートやフィリピン海プレートの沈み込みで、島弧の上に多くの火山を形成した。

火山の総数は二六八である。これらの火山は、成層火山、溶岩ドーム、カルデラなど多様である。原形をとどめるもの、爆裂や山体崩壊で異様な景観を示すものなどもある。火山は景観をつくる反面、火山災害をもたらす。日本列島は北緯二四度から四五度にわたるので、亜熱帯から温帯、亜寒帯と気候帯が変化し、植生も多様である。しかし、数多く襲来する台風による自然破壊も著しい。景観と災害は自然がもたらす両面である。

大陸の縁辺にあり、大洋に面している日本列島の形成の歴史は複雑で、狭い国土の中にいろいろな時代の多様な地層や岩石がでている。大陸地域を旅行すると、すぐれた景観があるが、一つの景勝地から次の景勝地まで距離が長いのに対し、日本では短時間で、いくつかの景勝地をめぐることができる。ある意味で箱庭的といえる。

日本人の性格なのか、自然景観を情緒的、感覚的に見ていることが多いので、地学的に見るための解説に主眼をおいた。しかし、名所図会的な解説に終わったかもしれない。

自然、とくに山は日本（東洋）では古くから山岳信仰の対象として人々の精神生活にかかわってきた。ほとんどの名山の頂には神社や祠がある。山の景観の楽み方の一つは、山頂でご来迎を拝むことであった。

美しい日本の海岸は、高度経済成長時代のいわゆる公共投資で、自然がそこなわれた所が多くある。数年前、佐渡の海岸をまわってみたが、各所に立派な漁港ができていた。確かに拠点となる漁港は整備する必要があるだろう。しかし、わずかに磯船が停まる所までコンクリートで頑丈に固める必要があるのだろうか。また、波浪よけのテトラポットやコンクリートの防壁が全海岸線の三〇パーセント近くに張りめぐらされていた。自然そのものは浸食をうけながらも安定した姿になっている。人が下手に手を加えると逆に不安定になってしまう。コンクリートの壁は景観をそこねるだけでなく、コンクリートの溶解による磯焼けを生じる。それは海藻を減らし、餌になるプランクトンを減らし、磯の生物に大きな影響を与えている。これは佐渡の海岸だけのことではなく、日本の海岸の各所に見られる状況である。

日本の海岸全体についていえば、堤防の構築、埋立地、干拓地など、人工海岸の総延長は八五〇〇キロメートルに近く、海岸線の三〇パーセントに達している。

　これまで述べてきた国立・国定公園は自然破壊を免れている例といえるかもしれない。しかし、公園内でも漁業と観光の振興という名目で手を加えられる恐れがあり、油断ができない。自然保護の重要性が今日強調されているが、自然景観の素晴らしさを科学的に知ることが自然保護にも役立つものと考える。

＊　＊　＊

　現役時代には地質調査や見学のために、多くの場所を見てまわった。しかし、記憶のうすれた所も多いので、あらためて下北、津軽、三陸、南房総、西伊豆、紀州、四国、玄海、能登の海岸や沖縄、先島諸島および南アルプスの千畳敷カール、層雲峡を一人で、あるいは妻と一緒に見てまわった。郷里なので岩手県や新潟県の記述が多くなってしまった。

　自然景観の地学的な説明が主題であるが、一般の人にも理解してもらうため、厳密さを欠いた説明をしているところもある。地学の多くの資料に目を通したが、中部地方の火山のように、まだ十分納得のいくような説明がなされていない点が残っている。試論を書いたが、あくまで私論である。

　このほか、原著論文にも目を通したが、紙面の都合で参考文献にはおもに単行本や一般書をあげ、一部引用文献をのせた。写真は、北アルプスのイルカ岩は安井賢氏、岩手山は土井宣夫氏、苗場第二期溶岩は関沢清勝氏、雲仙普賢岳は小林哲夫氏、陸中海岸の三王岩は三陸ジオパーク推進協議会、フェニックス褶曲は鈴木博之氏、四国のメランジュは坂口有人氏、佐渡の冬の尖閣湾は上山益男氏、佐渡の枕状溶岩は池田雄彦氏から資料をご提供いただいた。図の使用などには長谷川昭氏、鈴木堯士氏にご協力いただいた。

長い間の私の調査行などでは、次の方をはじめ、多くのみなさんに協力していただいた。故国府谷盛明、五十嵐聡、河内洋佑、木戸道男、楠田隆、佐藤彬、関沢清勝、高橋明、田淵章敬、立石雅昭、吉田滋の諸氏。

また、新潟大学図書館および理学部地質科学科図書室、新潟市立坂井輪図書館の図書、資料を利用させてもらった。

本書の出版を引き受けてくださった築地書館の土井二郎社長、編集を担当してくださった橋本ひとみさん、これらの方々や機関に対し、厚く感謝する。

二〇一七年十一月

島津光夫

参考図書

市川浩一郎・藤田至則・島津光夫編（一九七〇）［日本列島］地質構造発達史　築地書館
上田誠也・杉村　新（一九七〇）弧状列島　岩波書店
浦島幸世（一九九三）　金山―鹿児島は日本一　春苑堂出版
大林太良編（一九八六）海をこえての交流　日本の古代3　中央公論社
小川勇二郎・久田健一郎（二〇〇五）付加体地質学　共立出版
内田芳明（二〇〇一）風景の発見　朝日新聞社
沖縄第四紀調査団・沖縄地学会編（一九七五）沖縄の自然　平凡社
木下誠一（一九八〇）永久凍土　古今書院
久野　久（一九七六）火山および火山岩　第二版　岩波書店
串田孫一（一九九七）山歩きの愉しみ　角川春樹事務所
小疇　尚（二〇〇七）山を読む　岩波書店
小泉武栄（一九九八）山の自然学　岩波書店
小泉武栄（二〇〇九）日本の山と高山植物　平凡社
小泉武栄（二〇一三）観光地の自然学　古今書院
小島烏水（一九〇五）日本山水論　隆文館
小島烏水著、近藤信行編（一九九二）日本アルプス　岩波書店
小林国夫（一九五六）日本アルプスの自然　築地書館
牛来正夫（一九七三）火成作用　共立出版
志賀重昂著、近藤信行校訂（一九九五）日本風景論　岩波書店
島津光夫（一九九七）牧之と歩く秋山郷　高志書院
島津光夫・関沢清勝（二〇〇三）秋山郷の地学案内　野島出版

島津光夫（一九九八）離島佐渡　野島出版
島津光夫（二〇〇七）日本の石の文化　新人物往来社
島津光夫・神蔵勝明（二〇一一）離島佐渡　第二版　野島出版
鈴木堯士・吉倉紳一編（二〇一二）大地が動く物語　南の風社
平　朝彦（一九九〇）日本列島の誕生　岩波書店
高橋正樹（一九九九）花崗岩が語る地球の進化　岩波書店
高橋正樹（二〇〇〇）島弧・マグマ・テクトニクス　東京大学出版会
田沢純一（二〇一〇）日本列島の生い立ち　新潟日報事業社
巽　好幸（一九九五）沈み込み帯のマグマ学　東京大学出版会
田中澄江（一九八〇）花の百名山　文藝春秋
地学団体研究会（一九七七）日本の自然　平凡社
直木孝次郎（一九八八）古代日本と朝鮮・中国　講談社
中野尊正・小林国夫（一九五九）日本の自然　岩波書店
沼田　眞・岩瀬　徹（二〇〇二）図説日本の植生　講談社
原山　智・山本　明（二〇〇三）超火山［槍・穂高］　山と溪谷社
深田久彌（一九六四）日本百名山　新潮社
藤岡換太郎・平田大二編著（二〇一四）日本海の拡大と伊豆弧の衝突　有隣堂
藤田和夫（一九八五）変動する日本列島　岩波書店
平凡社編（一九九八）人はなぜ山に登るか　別冊太陽日本のこころ一〇三　平凡社
宮脇　昭（一九七七）日本の植生　学研
望月勝海（一九四八）日本地学史　平凡社
「日本の渚百選」中央委員会（一九九七）日本の渚・百選　成山堂書店
毎日新聞社（一九八五）日本の国立公園（全四巻）　毎日新聞社

湊　正雄・井尻正二（一九五八）日本列島　岩波書店
山野井徹（二〇一五）日本の土　築地書館
脇水鉄五郎（一九三九）日本風景誌　河出書房
渡辺景隆（一九八四）日本の天然記念物　6　地質・鉱物　講談社
高橋正樹・小林哲夫編　フィールドガイド日本の火山（全六巻）　築地書館
北海道（一九九八）、東北（一九九九）、関東・甲信越Ⅰ（一九九八）、関東・甲信越Ⅱ（一九九八）、中部・近畿・中国（二〇〇〇）、九州（一九九九）
日本の地質編集委員会　日本の地質（全九巻）　共立出版
北海道（一九九〇）、東北（一九八九）、関東（一九八六）、中部Ⅰ（一九八八）、中部Ⅱ（一九八八）、近畿（一九八七）、中国（一九八七）、四国（一九九一）、九州（一九九二）

その他の参考資料

国府谷盛明（一九六一）　大雪山の生いたち　上川町・層雲峡観光協会
国立公園協会（一九九五）国立公園図鑑
知床博物館（北海道斜里町立）（一九八九）知床半島の生い立ち　斜里町立知床博物館
土井宣夫（二〇〇〇）岩手山の地質―火山灰が語る噴火史　岩手県滝沢村教育委員会
永尾隆志（二〇一一）萩の火山のひみつ―阿武火山群　（社団法人）萩ものがたり
日本自然保護協会（一九七九）　早池峰の自然観察

参考・引用文献

赤羽貞幸（一九七五）新潟県上越市西部山地における新第三系の層序と地質構造　地質学雑誌八一（一二）、七三七－七五四

赤松　陽・河内洋佑・村松敏雄・島津光夫・田村　貢（一九六七）谷川連峰周辺の地質　地球科學二一（二）、一－六
井上　武・蜂屋可典（一九六二）十和田湖地形・地質調査報告書　青森県水産商工課
小川琢治（一八九九）日本群島地質構造論　地學雑誌一一（一〇）、六八五－六九五
小野晃司・渡辺一徳（一九八五）阿蘇火山地質図　地質調査所
河野義礼・八木健三・青木謙一郎（一九六一）東北日本の第四紀火山の火山岩の岩石学と岩石化学　東北大学理科報告三、一－四六（英文）
金子隆之（一九八八）志賀高原北部、毛無火山の地質と岩石　地質学雑誌九四（二）、七五－八九
金子隆之・清水　智・板谷徹丸（一九八九）K－Ar年代から見た信越高原地域の火山活動、岩鉱八四、二一一－二二五
小坂共栄（一九八五）信越方向、大峰方向ならびに津南―松本線　信州大学理学部紀要一九（二）、一二一－一四一
小林哲夫（二〇〇八）カルデラの研究からイメージされる新しい火山像　号外地球六〇　六五－七六
島津光夫・五十嵐聡・高橋尚靖（一九八五）北部フォッサ・マグナ、津南―志賀高原地域の新第三系の地質構造と鮮新―更新世火山　新潟大学理学部地質鉱物学教室研究報告五、七九－九〇
島津光夫・立石雅昭（一九九三）苗場山地域の地質　地域地質研究報告（五万分の一地質図幅）　地質調査所、一－九
高橋道夫（一九八七）九州下の稍深発地震面の非二重性　地震第二輯四〇、一一五－一一七
立石雅昭・高野　修・高島　司・黒川勝己（一九九七）北部フォッサマグナ新生界の粗粒堆積物の堆積システムと後背地石油技術協会誌六二、三五－四四
玉木賢策（一九九二）日本海の形成機構―新しい背弧海盆の拡大モデル、科学六二、七二〇－七二九
露木利貞（一九六九）九州地方における温泉の地質学的研究（第五報）鹿児島地溝内の温泉―特に温泉貯留体について　鹿児島大学理学部紀要（地学・生物学）二、八五－一〇一
新潟県編（一九三六）新潟県史蹟名勝天然記念物調査報告第六輯、小木海岸調査報告、六六　新潟県
中島淳一・長谷川昭（二〇〇九）地震波トモグラフィでみたスラブの沈み込みと島弧マグマ活動　地震二、六一、一七七－一八六
中島淳一（二〇一六）プレートの沈み込みと島弧マグマ活動　火山六一、二三－三六

中村一明（一九八三）日本海東縁新生海溝の可能性　震研彙報五八、七一一–七二二
橋本善孝（二〇一二）高知の付加体とメランジュについて—活動的な地球を手に取る（『大地が動く物語』鈴木堯士・吉倉紳一編、南の風社）
長谷川昭（二〇〇六）東北日本沈み込み帯における地震発生と火山生成のモデル　石油技術協会誌七一、四二五–四三四
長谷川昭・中島淳一・北佐枝子・辻　優介・新居恭平・岡田知己・松澤　暢・趙　大鵬（二〇〇八）地震波でみた東北日本沈み込み帯の水の循環—スラブから島弧地殻への水の供給　地学雑誌一一七（一）、五九–七五
長谷川昭・中島淳一・内田直希・弘瀬冬樹・北佐枝子・松澤　暢（二〇一〇）日本列島下のスラブの三次元構造と地震活動　地学雑誌一一九（二）、一九〇–二〇四
長谷川昭・中島淳一・内田直希・海野徳仁（二〇一三）東京直下に沈み込む二枚のプレートと首都圏下の特異な地震活動　地学雑誌一二二（三）、三九八–四一二
原山　智（一九九〇）上高地地域の地質　地域地質研究報告（五万分の一地質図幅）地質調査所
伴　雅雄・大場与志男・石川賢一・高岡宣雄（一九九二）青麻—恐火山列、陸奥燧岳、恐山、七時雨および青麻火山のK–Ar年代—東北日本弧第四紀火山の帯状配列の成立時期　岩鉱八七、三九–四九
伴　雅雄・高岡宣雄（一九九五）東北日本弧、那須火山群の形成史　岩鉱九〇、一九五–二一四
弘瀬冬樹・中島淳一・長谷川昭（二〇〇七）Double-difference Tomography法による西南日本の3次元地震波速度構造およびフィリピン海プレートの形状の推定　地震二、六〇、一–二〇
藤縄明彦・林信太郎・梅田浩司（二〇〇一）安達太良火山のK–Ar年代—安達太良火山の形成史の再検討　火山四六（三）、九五–一〇六
北海道立地下資源調査所（一九八〇）北海道の地質、北海道の地質と地下資源一、道立地下資源調査所　一一三頁
八尾　昭（二〇〇〇）東アジアの中・古生代テクトニクスからみた西南日本の地帯配列　地団研専報四九、一四五–一五五
吉田武義（一九八九）東北日本弧第四紀火山が類の研究、地質学論集三二、三五三–三八四

付表1　世界・日本ジオパークと国立・国定公園

世界ジオパーク

洞爺湖有珠山	北海道	支笏洞爺国立公園
アポイ岳	北海道	日高山脈襟裳国定公園
糸魚川	新潟	中部山岳国立公園
山陰海岸	京都・兵庫・鳥取	山陰海岸国立公園
隠岐	島根	大山隠岐国立公園
室戸	高知	室戸阿南海岸国定公園
島原半島	長崎	雲仙天草国立公園
阿蘇	熊本・大分	阿蘇くじゅう国立公園

日本ジオパーク

白滝	北海道	
三笠	北海道	
とかち鹿追	北海道	大雪山国立公園
下北	青森	下北半島国定公園
八峰白神	青森・秋田	津軽国定公園
男鹿半島・大潟	秋田	男鹿国定公園
三陸	岩手・宮城・青森	三陸復興国立公園
鳥海山・飛島	秋田・山形	鳥海国定公園
ゆざわ	秋田	栗駒国定公園
栗駒山麓	宮城	栗駒国定公園
磐梯山	福島	磐梯朝日国立公園
茨城県北	茨城	
筑波山地域	茨城	水郷筑波国定公園
銚子	千葉	水郷筑波国定公園
下仁田	群馬・長野	妙義荒船佐久高原国定公園
浅間山北麓	群馬・長野	上信越高原国立公園
秩父	埼玉・東京・山梨	秩父多摩甲斐国立公園
箱根	神奈川	富士箱根伊豆国立公園
伊豆大島	東京	富士箱根伊豆国立公園
伊豆半島	静岡	富士箱根伊豆国立公園
佐渡	新潟	佐渡弥彦米山国定公園
苗場山麓	新潟・長野	上信越高原国立公園
南アルプス(中央構造線エリア)	長野	南アルプス国立公園
立山黒部	富山	中部山岳国立公園
白山手取川	石川	白山国立公園
恐竜渓谷ふくい勝山	福井	白山国立公園
南紀熊野	奈良・和歌山	吉野熊野国立公園
四国西予	愛媛	足摺宇和海国立公園
Mine秋吉台	山口	秋吉台国定公園
おおいた姫島	大分	瀬戸内海国立公園
おおいた豊後大野	大分	
霧島	宮崎・鹿児島	阿蘇くじゅう国立公園
天草	熊本	雲仙天草国立公園
桜島・錦江湾	鹿児島	霧島錦江湾国立公園
三島村・鬼界カルデラ	鹿児島	奄美群島国立公園

付表 2　岩石の分類

堆積岩の分類

1. 砕屑岩

粗粒	礫岩
	砂岩
	泥岩、頁岩
細粒	シルト岩

2. 火山砕屑岩

粗粒	火山角礫岩
	火山礫凝灰岩
細粒	凝灰岩

3. 化学的沈殿岩

炭酸塩	石灰岩
珪質	珪藻土、チャート
炭質	亜炭、石炭

火成岩の分類

1. 火成岩の中のおもな鉱物

有色鉱物	かんらん石、普通輝石、しそ輝石、角閃石、黒雲母
無色鉱物	斜長石、正長石、石英

2. 火成岩の分類

	超塩基性	塩基性	中性	酸性
火山岩	非アルカリ岩	玄武岩	安山岩	デイサイト、流紋岩
	アルカリ岩	粗面玄武岩	粗面安山岩	粗面岩、流紋岩
深成岩	かんらん岩(蛇紋岩)	斑れい岩	閃緑岩	花崗岩類

特殊な安山岩	ボニナイト（無人岩）	マグネシウムの多い安山岩
	サヌカイト（讃岐岩）	マグネシウムの多い安山岩

3. 花崗岩類の分類

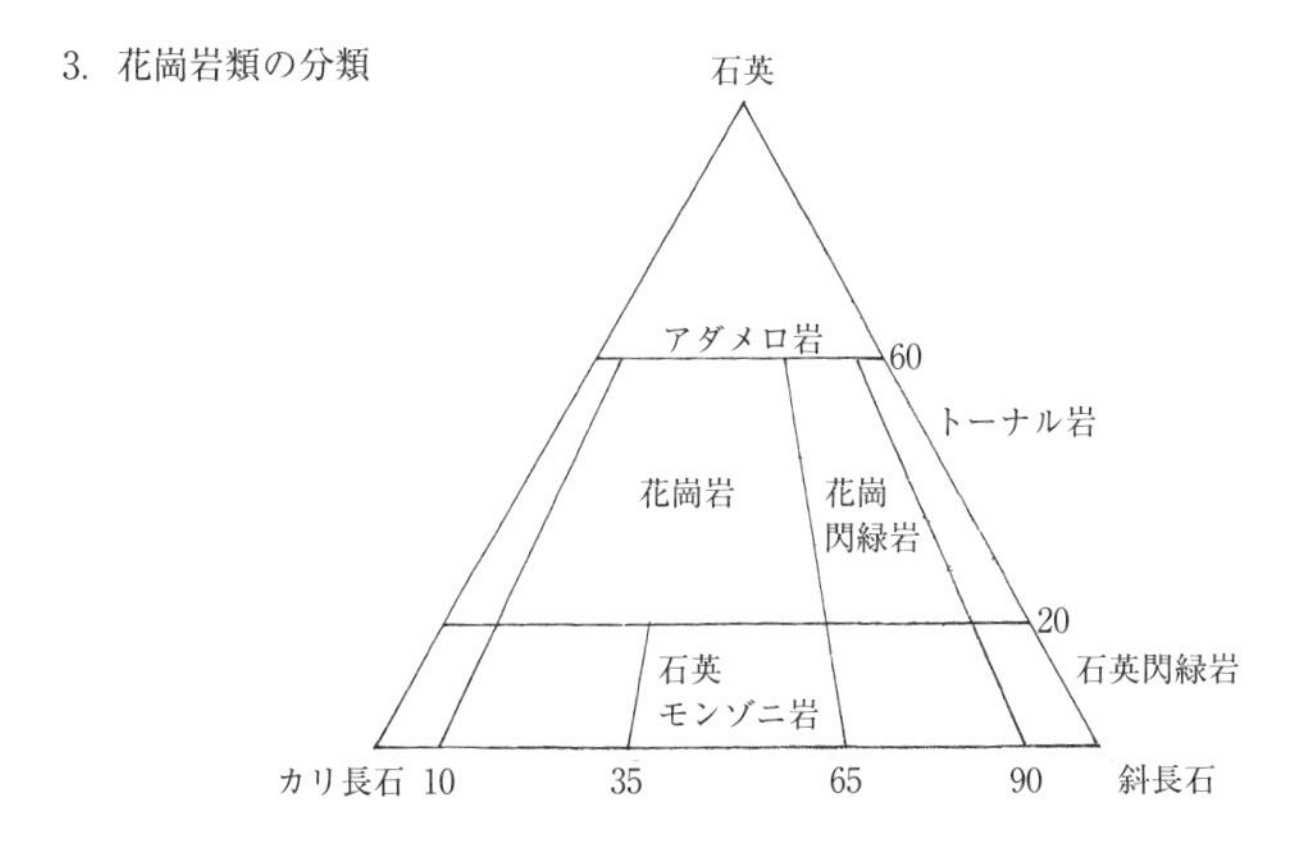

4．変成岩

熱変成岩　　ホンルンフェルス

動力変成岩　結晶片岩

変成相（一定の温度と圧力条件で生成される変成岩を区分する方法）

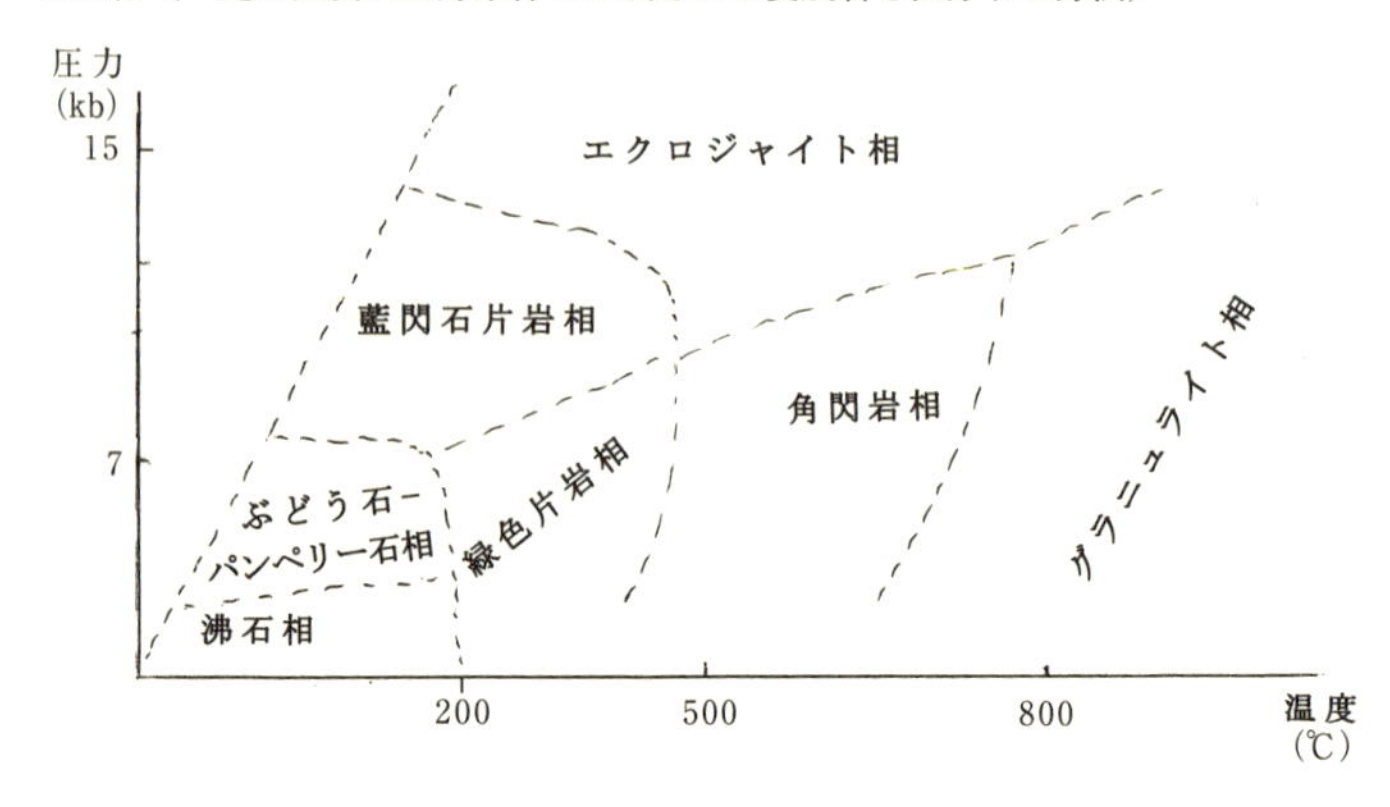

付表3　地質年代表

(100万年前)			
0.01	新生代	第四紀	完新世
2.58			更新世
5.33		新第三紀	鮮新世
23			中新世
66		古第三紀	
145	中生代	白亜紀	
201		ジュラ紀	
251		三畳紀	
298	古生代	ペルム紀	
358		石炭紀	
419		デボン紀	
443		シルル紀	
485		オルドビス紀	
541		カンブリア紀	
2500	原生代		
4600	始生代		

【ま行】

【や行】

【ら行】

【わ行】

【さ行】

【た行】

【な行】

【は行】

索引

著者紹介

島津光夫（しまづ・みつお）

一九二六年、岩手県一関市生まれ。

一九五一年、東北大学理学部岩石鉱物鉱床学科卒業。

東北大学理学部助手、工業技術院地質調査所技官を経て、
一九六四年より新潟大学理学部助教授、一九七〇年より教授。

一九九一年に新潟大学退職後、同年、県立新潟女子短期大学学長に就任。一九九七年退職。

理学博士。専門は岩石学、鉱床学。

地質調査所勤務時代に五万分の一地質図幅「陸中野田」「田老」「気仙沼」を、
一九九三年に五万分の一地質図幅「苗場山地域の地質」を仲間とともに作成した。

日本全国、また東北アジアの各地を調査や見学で訪れた。

なかでも苗場山を含む秋山郷は現役時代の最後のフィールドで、
苗場山麓ジオパークづくりに協力したところでもあり、愛着を感じている。

フィールドを歩き、露頭を観察し、採集した岩石の薄片を顕微鏡で観察するのが研究の楽しみの一つだ。

研究対象は硬い岩石であるが、それは美しい自然の一部である。

なぜ健康長寿かとよく聞かれるが、フィールド、自然の中を歩きまわったから、と答えている。

日本の山と海岸——成り立ちから楽しむ自然景観

二〇一八年三月二〇日　初版発行
二〇一九年三月三〇日　二刷発行

著者——島津光夫
発行者——土井二郎
発行所——築地書館株式会社
東京都中央区築地七—四—四—二〇一　〒一〇四—〇〇四五
TEL　〇三—三五四二—三七三一　FAX　〇三—三五四一—五七九九
http://www.tsukiji-shokan.co.jp/
印刷・製本——シナノ印刷株式会社
装丁——今東淳雄（maro design）

　ISBN 978-4-8067-1552-8